"十四五"职业教育国家规划教材

21世纪高等院校
云计算和大数据人才培养规划教材

程宁 刘桂兰◎主编
丁丽 胡文杰 周永福◎副主编

Docker 容器技术与应用

Docker Container
Technology and Application

人民邮电出版社
北京

图书在版编目（CIP）数据

Docker容器技术与应用 / 程宁, 刘桂兰主编. -- 北京：人民邮电出版社, 2020.7
 21世纪高等院校云计算和大数据人才培养规划教材
 ISBN 978-7-115-53393-7

Ⅰ. ①D… Ⅱ. ①程… ②刘… Ⅲ. ①Linux操作系统－程序设计－高等学校－教材 Ⅳ. ①TP316.85

中国版本图书馆CIP数据核字(2020)第017455号

内 容 提 要

本书以任务为导向，较为全面地介绍了容器技术的相关知识。全书共分为7个项目，包括Docker概述、Docker镜像管理和定制、Docker容器管理、Docker网络和数据卷管理、Docker编排工具、自动化部署及Kubernetes概述。本书各项目均包含项目实训，可帮助读者通过练习巩固所学的内容。

本书既可以作为本科及高职高专院校云计算及计算机相关专业的教材，又可以作为云计算爱好者的自学用书。

◆ 主　编　程　宁　刘桂兰
　　副主编　丁　丽　胡文杰　周永福
　　责任编辑　郭　雯
　　责任印制　王　郁　马振武

◆ 人民邮电出版社出版发行　北京市丰台区成寿寺路11号
　　邮编　100164　电子邮件　315@ptpress.com.cn
　　网址　https://www.ptpress.com.cn
　　天津千鹤文化传播有限公司印刷

◆ 开本：787×1092　1/16
　　印张：11.75　　　　　　2020年7月第1版
　　字数：250千字　　　　　2024年7月天津第10次印刷

定价：39.80元

读者服务热线：(010)81055256　印装质量热线：(010)81055316
反盗版热线：(010)81055315
广告经营许可证：京东市监广登字20170147号

前　言

二十大报告指出"要以中国式现代化全面推进中华民族伟大复兴",其中"加快建设网络强国、数字中国"是对信息行业的战略部署。高职院校云计算技术专业的教师首先需要深刻领会"教育、科技、人才是全面建设社会主义现代化国家的基础性、战略性支撑"的深刻内涵,其次要在夯实学生专业基础的同时着重培养其"爱党报国、敬业奉献、服务人民"的精神。容器技术作为云经济和IT生态系统中的新技术,当前,该技术的部署和运维出现了较大的人才缺口,容器技术已成为高校云计算及计算机相关专业必学的关键性技术之一。

本书针对高校的教学特点和培养目标,采用"教、学、做一体化"的教学方法,为培养高素质技术技能型人才提供合适的教学与训练教材。

本书主要特点如下。

1．理论与实际应用紧密结合

本书以7个项目为主线,在讲述容器技术的基础上,对Docker编排工具、自动化部署、Kubernetes(容器编排引擎)均有介绍。本书实现了技术讲解与应用的统一,有助于"教、学、做一体化"教学的实施。

2．内容组织合理、有效

本书按照由浅入深的顺序引入相关技术与知识。每个项目均被划分为若干个任务,每个任务均详细介绍了任务要求和相关知识。

本书由湖北轻工职业技术学院的程宁、丁丽,湖北三峡职业技术学院的刘桂兰,咸宁职业技术学院的胡文杰,河源职业技术学院的周永福共同编写,广东轩辕网络科技股份有限公司的工程师参与了书稿的校订,程宁统编全书。本书主要编写人员均为一线教师,有着多年教育、教学经验和实际项目开发经验,都曾带队参加国家级和省级的各类技能大赛,完成了多轮次、多类型的教育、教学改革与研究工作。

在编写本书的过程中,编者参考了互联网中的资料(包括文本和图片),在此对资料原创的相关组织和个人表示感谢。编者郑重承诺,引用的资料仅用于本书的知识介绍和技术分享,绝不用于其他商业用途。

由于编者水平有限,加之时间仓促,书中难免存在疏漏和不足之处,殷切希望广大读者批评指正。

编　者

2022年11月

目 录

项目 1　Docker 概述　1

知识目标　1
能力目标　1
任务 1.1　认识 Docker 技术　1
　任务要求　1
　相关知识　1
　　1.1.1　Docker 的发展历程　1
　　1.1.2　Docker 的概念与特点　2
　任务实现　3
【项目实训】编写 Docker 技术的调研
　　　　　报告　6

任务 1.2　熟悉 Docker 的安装方法　6
　任务要求　6
　相关知识　6
　　1.2.1　Docker 架构　6
　　1.2.2　Docker 的核心组件　7
　　1.2.3　Docker 的版本分类　8
　任务实现　8
【项目实训】安装和使用 Docker　17

项目 2　Docker 镜像管理和定制　18

知识目标　18
能力目标　18
任务 2.1　查看和管理 Docker 镜像　18
　任务要求　18
　相关知识　18
　　2.1.1　Docker 镜像　18
　　2.1.2　Docker 镜像仓库　19
　任务实现　21
【项目实训】创建和使用私有仓库　27

任务 2.2　创建定制的 Docker 镜像　28
　任务要求　28
　相关知识　28
　　2.2.1　通过 commit 命令创建镜像　28
　　2.2.2　利用 Dockerfile 创建镜像　29
　任务实现　34
【项目实训】创建定制 Docker 镜像　39

项目 3　Docker 容器管理　40

知识目标　40
能力目标　40
任务 3.1　认识 Docker 容器　40
　任务要求　40
　相关知识　40
　　3.1.1　Docker 容器　40
　　3.1.2　容器实现原理　41
　　3.1.3　Docker 镜像与容器的关系　41
　任务实现　42

【项目实训】创建和管理容器　50
任务 3.2　Docker 容器资源控制　51
　任务要求　51
　相关知识　51
　　3.2.1　CGroups 的含义　51
　　3.2.2　CGroups 的功能和特点　51
　任务实现　52
【项目实训】使用 CGroups 控制资源　55

项目 4　Docker 网络和数据卷管理　56

知识目标　56
能力目标　56
任务 4.1　Docker 网络管理　56

任务要求　56
相关知识　56
　4.1.1　Docker 容器网络架构　56

4.1.2 Docker 网络模式 58	相关知识 77
任务实现 65	4.2.1 Docker 数据卷 77
【项目实训】自定义网络实现跨主机容器互连 77	4.2.2 数据卷容器 78
任务 4.2 Docker 数据卷管理 77	任务实现 78
任务要求 77	【项目实训】使用数据卷容器 83

项目 5 Docker 编排工具 85

知识目标 85	任务 5.2 Swarm 编排工具的使用 100
能力目标 85	任务要求 100
任务 5.1 Compose 编排工具的使用 85	相关知识 101
任务要求 85	5.2.1 Swarm 工具 101
相关知识 85	5.2.2 Swarm 架构 101
5.1.1 Compose 工具 85	5.2.3 Swarm 相关概念 102
5.1.2 Compose 的常用命令 86	5.2.4 Swarm 常用命令 102
5.1.3 docker-compose.yml 文件 89	任务实现 103
任务实现 93	【项目实训】使用 Swarm 集群和自动编排功能 111
【项目实训】多容器搭建 WordPress 博客系统 100	

项目 6 自动化部署 112

知识目标 112	任务 6.2 持续集成 125
能力目标 112	任务要求 125
任务 6.1 Rancher 概述 112	相关知识 125
任务要求 112	6.2.1 持续集成概述 125
相关知识 113	6.2.2 持续集成的优点 125
6.1.1 Rancher 平台 113	6.2.3 持续集成系统的组成 126
6.1.2 Rancher 的组成 113	6.2.4 持续集成常用工具 126
任务实现 114	任务实现 126
【项目实训】使用 Rancher 管理平台部署 WordPress 应用 124	【项目实训】自动构建及部署 Java Maven 项目 142

项目 7 Kubernetes 概述 144

知识目标 144	【项目实训】安装 Kubernetes 168
能力目标 144	任务 7.2 Kubernetes 的基本操作 168
任务 7.1 Kubernetes 的发展 144	任务要求 168
任务要求 144	相关知识 169
相关知识 145	7.2.1 kubectl 概述 169
7.1.1 Kubernetes 简介 145	7.2.2 kubectl 常用命令 170
7.1.2 Kubernetes 核心概念 145	任务实现 173
7.1.3 Kubernetes 的架构和操作流程 148	【项目实训】在 Kubernetes 上部署 Tomact 应用 181
任务实现 149	

PROJECT 1 项目 1 Docker 概述

Docker 是时下流行的容器技术，在云计算领域应用广泛。本项目通过两个任务，主要介绍容器技术的发展及其应用，以及在 CentOS 7 和 Windows 操作系统中安装 Docker 的详细步骤。

知识目标

- 了解容器技术的发展历程。
- 掌握 Docker 的基本概念和特点。
- 掌握 Docker 与传统虚拟机的区别，掌握 Docker 的应用。

能力目标

- 熟练掌握百度、Google 等搜索工具的使用方法。
- 掌握在 CentOS 7 中安装 Docker 的步骤。
- 掌握在 Windows 中安装 Docker 的步骤。
- 掌握 Docker 启动和验证的基本方法。

任务 1.1 认识 Docker 技术

任务要求

某公司因业务扩展，在应用的开发和部署过程中，存在着软件更新和发布低效、环境一致性难以保证、迁移成本太高等问题。为提高应用从开发到部署的效率，公司了解到 Docker 作为开源的应用容器引擎，在应用的持续集成方面有明显的优势，因此决定利用 Docker 容器技术来构建研发运维持续集成环境，于是安排工程师小王对 Docker 技术进行调研。

相关知识

1.1.1 Docker 的发展历程

信息技术的飞速发展，促使人类进入云计算时代，云计算时代下孕育出众多的云计算平台。但众多的云平台之间标准规范不统一，每个云平台都有各自独立的资源管理策略、网络映射策略和内部依赖关系，导致各个平台无法做到相互兼容、相互连接。同时，应用的规模愈发庞大、逻辑愈发复杂，任何一款产品都无法顺利地从一个云平台迁移到另外一个云平台。

但 Docker 的出现，打破了这种局面。Docker 利用容器技术弥合了各个云平台之间的差异，Docker 通过容器来打包应用、解耦应用和运行平台。在进行迁移的时候，只需要在新的服务器上启动所需的容器即可，而所付出的成本是极低的。

Docker 最初是由 dotCloud 公司的创始人 Solomon Hykes 所带领的团队发起的，其主要项目代码在 GitHub 上进行维护。早期的 Docker 代码实现是直接基于 LXC 的，自 0.9 版本起，Docker 开发了 Libcontainer 项目。Libcontainer 作为更广泛的容器驱动实现，替换了 LXC 的实现。2013 年 3 月，Docker 开源版本正式发布；2013 年 11 月，RedHat 6.5 正式版集成了对 Docker 的支持；2014 年 4 月—6 月，Amazon、Google 和 Microsoft 的云计算服务相继宣布支持 Docker；2014 年 6 月，随着 DockerCon 2014 大会的召开，Docker 1.0 正式发布；2015 年 6 月，Linux 基金会在 DockerCon 2015 大会上与 AWS、思科、Docker 等公司共同宣布成立开放容器项目（Open Container Project，OCP），旨在实现容器标准化，该组织后更名为开放容器标准（Open Container Initiative，OCI）；2015 年，浙江大学 SEL 实验室携手 Google、Docker、华为等公司，成立了云原生计算基金会（Cloud Native Computing Foundation，CNCF），共同推进面向云原生应用窗口云平台，并从 Docker 1.1 开始，进一步演进为使用 RunC 和 Containerd。

1.1.2　Docker 的概念与特点

目前，Docker 的官方定义如下：Docker 是以 Docker 容器为资源分割和调度的基本单位，封装整个软件运行时环境，为开发者和系统管理员设计，用于构建、发布和运行分布式应用的平台。它是一个跨平台、可移植且简单易用的容器解决方案。Docker 的源代码托管在 GitHub 上，基于 Go 语言开发，并遵从 Apache 2.0 协议。Docker 可在容器内部快速自动化地部署应用，并通过操作系统内核技术（namespace、CGroups 等）为容器提供资源隔离与安全保障。

在开发和运维过程中，Docker 具有以下几方面的优点。

1．更快的交付和部署

容器消除了线上和线下的环境差异，保证了应用生命周期环境的一致性和标准化。使用 Docker，开发人员可以使用镜像来快速构建一套标准的开发环境；开发完成之后，测试和运维人员可以直接部署软件镜像来进行测试和发布，以确保开发测试过的代码可以在生产环境中无缝运行，大大简化了持续集成、测试和发布的过程。

Docker 可以快速创建和删除容器，实现快速迭代，大量节约了开发、测试、部署的时间。此外，整个过程全程可见，使团队更容易理解应用的创建和工作过程。

2．高效的资源利用和隔离

Docker 容器的运行不需要额外的虚拟化管理程序（Virtual Machine Manager（VMM）及 Hypervisor）支持，它是内核级的虚拟化，与底层共享操作系统，系统负载更低，性能更加优异，在同等条件下可以运行更多的实例，更充分地利用系统资源。

虽然 Docker 容器间是共享主机资源的，但是每个容器所使用的 CPU、内存、文件系统、进程、网络等都是相互隔离的。

3．环境标准化和版本控制

Docker 容器可以保证应用在整个生命周期中的一致性，保证提供环境的一致性和标准化。Docker 容器可以像 Git 仓库一样，按照版本对提交的 Docker 镜像进行管理。当出现因组件升级导致环境损坏的状况时，Docker 可以快速地回滚到该镜像的前一个版本。相对虚拟机的备份或镜像创建流程而言，Docker 可以快速地进行复制和实现冗余。此外，启动 Docker 就像启动一个普通进程一样快速，启动时间可以达到秒级甚至毫秒级。

4．更轻松的迁移和扩展

Docker 容器几乎可以在所有平台上运行，包括物理机、虚拟机、公有云、私有云、个人计算机、服务器等，并支持主流的操作系统发行版本。这种兼容性可以让用户在不同平台之间轻松地迁移应用。

5．更简单的维护和更新管理

Docker 的镜像与镜像之间不是相互隔离的，它们之间是一种松耦合的关系。镜像采用了多层文件的联合体，通过这些文件层，可以组合出不同的镜像，使利用基础镜像进一步扩展镜像变得非常简单。由于 Docker 秉承了开源软件的理念，因此所有用户均可以自由地构建镜像，并将其上传到 Docker Hub 上供其他用户使用。

使用 Dockerfile 时，只需进行少量的配置修改，就可以替代以往大量的更新工作，且所有修改都以增量的方式被分发和更新，从而实现高效、自动化的容器管理。

任务实现

1．调研 Docker 与传统虚拟机的区别

传统虚拟机运行在宿主机之上，具有完整的操作系统。其自身的内存管理通过相关的虚拟设备进行支持。在虚拟机中，可为用户操作系统和虚拟机管理程序分配有效的资源，从而在单台主机上并行运行一个或多个操作系统的多个实例。每个客户操作系统都作为主机系统中的单个实体运行，但会占用较多的 CPU、内存及硬盘资源。传统虚拟机架构如图 1-1 所示。

Docker 不同于传统的虚拟机，Docker 容器是使用 Docker 引擎而不是管理程序来执行的。它只包含应用程序及依赖库，基于 Libcontainer 运行在宿主机上，因此容器比虚拟机小，并且由于主机内核的共享，可以更快地启动，具有更好的性能、更少的隔离和更好的兼容性。由于 Docker 轻量、资源占用少，使 Docker 可以轻易地应用到构建标准化的应用

中。Docker 架构如图 1-2 所示。

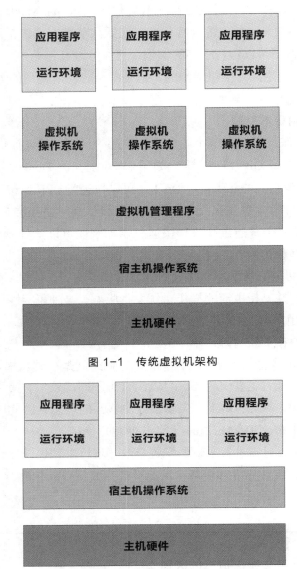

图 1-1　传统虚拟机架构

图 1-2　Docker 架构

当然，在隔离性方面，英特尔的 VT-d 和 VT-x 技术为传统虚拟机提供了 ring-1 硬件隔离技术，提供的是相对封闭的隔离，它可以帮助传统虚拟机高效使用资源并防止相互干扰。而 Docker 利用 Linux 操作系统中的多种防护技术实现了严格的隔离可靠性，并且可以整合众多安全工具。从 Docker 1.3.0 开始，Docker 重点改善了容器的安全控制和镜像的安全机制，极大地提高了使用 Docker 的安全性。

Docker 容器技术与传统虚拟机技术的特性比较如表 1-1 所示。

表 1-1 Docker 容器技术与传统虚拟机技术的特性比较

特性	技术	
	容器	虚拟机
启动速度	秒级	分钟级
性能	接近原生	较弱
内存代价	很小	较多
占用磁盘空间	一般为 MB	一般为 GB
运行密度	单机支持上千个容器	单机支持几十个虚拟机
隔离性	安全隔离	完全隔离
迁移性	优秀	一般

2．调研 Docker 的用途

与传统虚拟机不同，Docker 提供的是轻量的虚拟化，可以在单个主机上运行多个 Docker 容器，而每个容器中都有一个微服务或独立应用。例如，用户可以在一个 Docker 容器中运行 MySQL 服务，在另一个 Docker 容器中运行 Tomcat 服务，两个容器可以运行在同一个服务器或多个服务器上。目前，Docker 容器能够提供以下 8 种功能。

（1）简化配置：传统虚拟机的最大好处是基于用户的应用配置能够无缝运行在任何一个平台上，而 Docker 在降低额外开销的情况下提供了同样的功能。它能将运行环境和配置放入代码中进行部署，同一个 Docker 的配置可以在不同的环境中使用，这样就降低了硬件要求和应用环境之间的耦合度。

（2）代码管道化管理：Docker 能够对代码以流式管道化进行管理。代码从开发者的机器到生产环境机器的部署，需要经过很多的中间环境，而每一个中间环境都有自己微小的差别，Docker 跨越这些异构环境，给应用提供了一个从开发到上线均一致的环境，保证了应用从开发到部署的流畅发布。

（3）开发人员的生产化：在开发过程中，开发者都希望开发环境尽量贴近生产环境，并且能够快速搭建开发环境，使用 Docker 可以轻易地让几十个服务在容器中运行起来，可以在单机上最大限度地模拟分布式部署的环境。

（4）隔离应用：Docker 允许开发人员选择最适合各种服务的工具或技术栈，隔离服务以消除任何潜在的冲突，从而避免"地狱式的矩阵依赖"。这些容器可以独立于应用的其他服务组件，轻松地实现共享、部署、更新和瞬间扩展。

（5）整合服务器：使用 Docker 可以整合多个服务器以降低成本。由于空闲内存可以跨实例共享，无须占用过多操作系统内存空间，因此，相比于传统虚拟机，Docker 可以提供更好的服务器整合解决方案。

（6）调试能力：Docker 提供了众多的工具，它们提供了很多功能，包括可以为容器设置检查点、设置版本、查看两个容器之间的差别等，这些特性可以帮助调试缺陷。

（7）多租户环境：Docker 能够作为云计算的多租户容器，为每一个租户的应用层的多个实例创建隔离的环境,不仅简单,而且成本低廉。这得益于 Docker 灵活的快速环境及高效的 diff 命令。

(8)快速部署:Docker 为进程创建了一个容器,不需要启动操作系统,启动时间缩短为秒级,用户可以在数据中心创建、销毁资源而无须担心重新启动带来的开销。通常,数据中心的资源利用率只有 30%,这样可以使用 Docker 进行有效的资源分配,并提高资源的利用率。

【项目实训】编写 Docker 技术的调研报告

实训目的

(1)能够熟练使用百度、Google 等搜索工具。
(2)了解 Docker 的基本概念、特点、发展历程。
(3)了解 Docker 容器与传统虚拟机的区别。
(4)了解 Docker 的使用情况。

实训内容

(1)通过搜索工具,了解 Docker 的发展历程、概念、特点。
(2)通过查看相关内容,了解 Docker 容器与传统虚拟机的区别。

任务 1.2　熟悉 Docker 的安装方法

任务要求

在工程师小王完成对 Docker 技术的调研后,公司安排小王编写 Docker 的安装手册,供公司相关技术人员学习,以便在公司内部推广该技术。

相关知识

1.2.1　Docker 架构

Docker 采用客户端/服务器(Client/Server,C/S)架构模式,Docker 架构如图 1-3 所示。Docker Daemon 作为服务器端接收客户端的请求,负责构建、运行和分发容器。客户端和服务器端可以运行在同一个 Host 上,客户端也可以通过 Socket 或 REST API 与远程的服务器端通信。

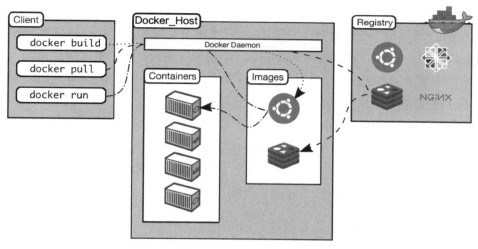

图 1-3 Docker 架构

Docker Daemon 可以守护进程在宿主机后台运行,用户并不直接与其进行交互,而是通过 Docker Client 间接和其通信。Docker Client 以系统命令的形式存在,用户使用 Docker 命令来与 Docker Daemon 交互。Docker Daemon 接收用户指令并与 Docker 共同守护进程通信。

1.2.2 Docker 的核心组件

Docker 的核心组件包括 Docker 客户端(Client)、Docker 服务器(Docker Daemon)、Docker 镜像(Image)、Docker 仓库和 Docker 容器(Container)。

1. Docker 客户端

Docker 客户端通过命令行或者其他工具使用 Docker API 与 Docker 的守护进程通信。

2. Docker 服务器

Docker Daemon 是服务器组件,以 Linux 后台服务的方式运行。

3. Docker 镜像

Docker 镜像就是一个只读的模板,镜像可以用于创建 Docker 容器,每一个镜像由一系列的层组成。例如,CentOS 镜像中安装 nginx,就成为 nginx 镜像,此时 Docker 镜像的层级概念就体现出来了:其底层是一个 CentOS 操作系统镜像,上面叠加一个 nginx 层,此时可以将 CentOS 操作系统镜像称为 nginx 镜像层的父镜像。常用的生成镜像的方法主要有以下 3 种。

(1)创建新镜像。

(2)下载并使用他人创建好的现成的镜像。

(3)在现有镜像上创建新的镜像。

用户可以将镜像的内容和创建步骤描述在一个文本文件中,这个文件被称为 Dockerfile,通过执行"docker build <docker-file>"命令可以构建出 Docker 镜像。这部分内容在后面的项目中会有详细说明。

4．Docker 仓库

Docker 仓库类似于代码仓库，它是 Docker 集中存放镜像文件的场所。有时候，人们会把 Docker 仓库和仓库注册服务器（Registry）混为一谈，并不严格区分。实际上，仓库注册服务器是存放仓库的地方，其上往往存放着多个仓库，每个仓库集中存放某一类镜像，往往包括多个镜像文件，通过不同的标签来进行区分。

Docker 仓库分为公有（Public）仓库和私有（Private）仓库两种形式。目前，最大的公有仓库是 Docker Hub，存放了数量庞大的镜像供用户下载。国内不少云服务提供商（如时速云、阿里云等）提供了仓库的本地源，可以提供稳定的国内访问。当然，Docker 也支持用户在本地网络中创建一个私有仓库。当用户创建了自己的镜像之后，可以使用 push 命令将其上传到公有或者私有仓库中，这样，当用户需在另一台主机上使用该镜像时，只需从仓库获取镜像。

5．Docker 容器

Docker 利用容器来运行应用。容器是从镜像创建的运行实例，它可以被启动、开始、终止、删除。容器是一个隔离环境，多个容器之间不会相互影响，以保证容器中的应用运行在一个相对安全的环境中。

1.2.3 Docker 的版本分类

Docker 的早期版本是 docker-io，版本号是 1.*，最新版是 1.13。Docker 从 1.13 版本之后采用时间线的方式作为版本号，分为 Docker CE（社区版）和 Docker EE（企业版）。

Docker CE（社区版）是免费提供给个人开发者和小型团体使用的，Docker EE（企业版）会提供额外的收费服务，如经过官方测试认证的基础设施、容器、插件等。

Docker 现在的版本格式为<YY.MM>。Docker CE（社区版）按照 Stable 和 Edge 两种方式发布，每个季度更新 Stable 版本，每个月份更新 Edge 版本。例如，使用基于月份的发行版本，19.03 的第 1 版就指向 17.03.0，如果有漏洞/安全修复需要发布，那么将会指向 19.03.1 等。

任务实现

1．在 CentOS 7 中在线安装 Docker

（1）检查安装 Docker 的基本要求：64 位 CPU 架构的计算机，目前不支持 32 位 CPU 架构的计算机；系统的 Linux 内核版本为 3.10 及以上；开启 CGroups 和 namespace 功能。本任务是将 Docker 安装在 VMware Workstation 虚拟机中，因此需保证将虚拟机的网卡设置为桥接模式。

（2）通过 uname -r 命令查看当前系统的内核版本。

```
[root@localhost ~]# uname -r        //查看 Linux 内核版本
3.10.0-327.el7.x86_64
```

(3)关闭防火墙,并查询防火墙是否关闭。

```
[root@localhost ~]# systemctl stop firewalld           //关闭防火墙
[root@localhost ~]# systemctl disable firewalld        //设置开机禁用防火墙
[root@localhost ~]# systemctl status firewalld         //查看防火墙状态
    firewalld.service - firewalld - dynamic firewall daemon
     Loaded: loaded (/usr/lib/systemd/system/firewalld.service; disabled; vendor preset: enabled)
     Active: inactive (dead)
```

若出现"Active: inactive (dead)"提示,则表示防火墙已关闭。

(4)修改/etc/selinux 目录中的 config 文件,设置 SELINUX 为 disabled 后,保存并退出文件。

```
[root@localhost ~]# setenforce 0
[root@localhost ~]# vi /etc/selinux/config
SELINUX=disabled                  // 将 SELINUX 设置为 disabled
```

(5)修改网卡配置信息。

```
[root@localhost ~]# vi /etc/sysconfig/network-scripts/ifcfg-eno16777736
TYPE=Ethernet
BOOTPROTO=static
IPADDR=192.168.51.101       // 设置 IP 地址为 192.168.51.101
NETMASK=255.255.255.0       // 设置子网掩码为 255.255.255.0
GATEWAY=192.168.51.1        // 设置网关地址为 192.168.51.1
DNS1=114.114.114.114        // 设置 DNS 服务器地址为 114.114.114.114
ONBOOT=yes
```

保存退出,重启网卡。

```
[root@localhost ~]# systemctl restart network
```

测试与外网的连通性。

```
[root@localhost ~]# ping -c 4 www.sina.com.cn
......
--- spool.grid.sinaedge.com ping statistics ---
4 packets transmitted, 4 received, 0% packet loss, time 3005ms
rtt min/avg/max/mdev = 2.722/3.228/3.647/0.337 ms
```

从"4 packets transmitted, 4 received, 0% packet loss"提示信息可知,与外网是连通的。

(6)配置时间同步,可以选用公网 NTPD 服务器或者自建 NTPD 服务,本书使用阿里云的时间服务器。

```
[root@localhost ~]# yum -y install ntpdate
[root@localhost ~]# ntpdate ntp1.aliyun.com
```

（7）如果安装过旧版本，则需卸载已安装的旧版本；反之，此步骤可以跳过。

```
[root@localhost ~]# yum remove docker docker-common docker-selinux docker-engine
```

（8）安装必需的软件包。

```
[root@localhost ~]# yum install -y yum-utils device-mapper-persistent-data lvm2
```

（9）设置 docker-ce 的 yum 源。

```
[root@localhost ~]# yum-config-manager --add-repo
 https://mirrors.aliyun.com/docker-ce/linux/centos/docker-ce.repo
```

（10）查看仓库中的所有 Docker 版本，根据需求选择特定版本进行安装，本书选择安装 Docker 18.03.0.ce 版本。

```
[root@localhost ~]# yum makecache fast
[root@localhost ~]# yum list docker-ce -showduplicates    //查看Docker版本信息
Loading mirror speeds from cached hostfile
Loaded plugins: fastestmirror
docker-ce.x86_64          3:18.09.2-3.el7              docker-ce-stable
docker-ce.x86_64          3:18.09.1-3.el7              docker-ce-stable
docker-ce.x86_64          3:18.09.0-3.el7              docker-ce-stable
docker-ce.x86_64          18.06.2.ce-3.el7             docker-ce-stable
docker-ce.x86_64          18.06.1.ce-3.el7             docker-ce-stable
docker-ce.x86_64          18.06.0.ce-3.el7             docker-ce-stable
docker-ce.x86_64          18.03.1.ce-1.el7.centos      docker-ce-stable
docker-ce.x86_64          18.03.0.ce-1.el7.centos      docker-ce-stable
docker-ce.x86_64          17.12.1.ce-1.el7.centos      docker-ce-stable
......
Available Packages
[root@localhost ~]# yum install -y docker-ce-18.03.0.ce     // 安装 Docker 18.03.0.ce
```

也可以使用如下命令进行安装 Docker 最新版本。

```
[root@localhost ~]# yum install -y docker-ce      // 安装 docker-ce 最新版
```

说明：本书选择安装 Docker 18.03.0.ce 版本。

（11）启动 Docker，服务并设置 Docker 服务开机自启动。

```
[root@localhost ~]# systemctl start docker    //启动 Docker 服务
[root@localhost ~]# systemctl enable docker   //设置开机自启动 Docker 服务
```

利用 ps 命令，查看 Docker 进程是否已启动。

```
[root@localhost ~]# ps -ef | grep docker
root      14422    1    0 12:07 ?      00:00:00     /usr/bin/dockerd
```

```
root      14427   14422   1 12:07 ?        00:00:01 docker-containerd...
root      14681   2496    0 12:09 pts/1    00:00:00 grep --color=auto docker
```

也可利用 docker version 命令查看已安装 Docker 的版本。

```
[root@localhost ~]# docker version
Client:
 Version:       18.03.0-ce
 API version:   1.37
 Go version:    go1.9.4
 Git commit:    0520e24
 Built: Wed Mar 21 23:09:15 2018
 OS/Arch:       linux/amd64
 Experimental:  false
 Orchestrator:  swarm

Server:
 Engine:
  Version:      18.03.0-ce
  API version:  1.37 (minimum version 1.12)
  Go version:   go1.9.4
  Git commit:   0520e24
  Built:        Wed Mar 21 23:13:03 2018
  OS/Arch:      linux/amd64
  Experimental: false
```

（12）配置镜像加速器。因国内访问 Docker Hub 有时会遇到困难，故可以配置镜像加速器。国内很多云服务商提供了加速器服务，如阿里云加速器、DaoCloud 加速器、灵雀云加速器等，在此选择阿里云加速器。

```
[root@localhost ~]# vi /etc/docker/daemon.json
```

添加以下内容后，保存并退出，并重启 Docker 服务。

```
{
  "registry-mirrors": ["https://x3n9jrcg.mirror.aliyuncs.com"]
}
[root@localhost ~]# systemctl daemon-reload          // 重新加载系统配置
[root@localhost ~]# systemctl restart docker         // 重启 Docker 服务
```

（13）运行 nginx 镜像来测试是否安装成功。

```
[root@localhost ~]# docker run -dit -p 80:80 nginx:latest
```

打开浏览器，在地址栏中输入"http://192.168.51.101"，若显示图 1-4 所示的容器内容，则表示 Docker 环境已经安装完成，并能正常运行。

2．在 CentOS 7 中离线安装 Docker

（1）在可联网的主机上制作 Docker 本地安装包。

① 关闭 firewalld 防火墙，并临时关闭 SELINUX。

```
[root@localhost ~]# systemctl stop firewalld
[root@localhost ~]# setenforce 0
```

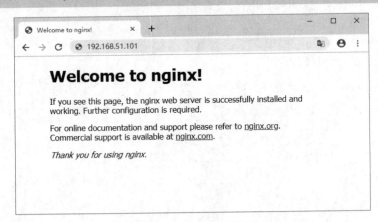

图 1-4　显示的容器内容

② 创建离线包存储目录，并设置读写权限。

```
[root@localhost ~]# mkdir -p /opt/docker
[root@localhost ~]# chmod -R 777 /opt/docker
```

③ 下载离线包到 /opt/docker 目录中。

```
[root@localhost ~ ]# yum install --downloadonly --downloaddir=/opt/docker yum-utils device-mapper-persistent-data lvm2 createrepo
```

④ 安装必备的软件包，并进行时间同步。

```
[root@localhost ~]# yum -y install ntpdate yum-utils createrepo
[root@localhost ~]# ntpdate ntp1.aliyun.com
```

⑤ 创建 Docker 的 yum 源。

```
[root@localhost ~]# yum-config-manager --add-repo http://mirrors.aliyun.com/docker-ce/linux/centos/docker-ce.repo
```

⑥ 更新 yum 源索引，下载离线 docker-ce 包，版本号为 18.03.0。

```
[root@localhost ~]# yum makecache fast
[root@localhost ~ ]# yum install --downloadonly --downloaddir=/opt/docker/ docker-ce-18.03.0.ce
```

⑦ 下载密钥文件。

```
[root@localhost ~]# cd /opt/docker/
[root@localhost docker]# wget https://mirrors.aliyun.com/docker-ce/linux/
```

```
centos/gpg
```

⑧ 初始化安装源 repodata。

```
[root@localhost docker]# createrepo -pdo /opt/docker /opt/docker
[root@localhost docker]# createrepo --update /opt/docker
```

⑨ 将制作的安装文件打包。

```
[root@localhost docker]# tar -zcvf docker-local.tar.gz *
[root@localhost docker]# ls docker-local.tar.gz
docker-local.tar.gz
```

docker-local.tar.gz 文件为制作好的离线安装源，将该文件导出。

（2）在离线的主机上安装 Docker。

① 利用 uname -r 命令查看当前系统的内核版本。

```
[root@localhost ~]# uname -r        //查看 Linux 内核版本
3.10.0-327.el7.x86_64
```

② 关闭防火墙，并查询防火墙是否关闭。

```
[root@localhost ~]# systemctl stop firewalld
[root@localhost ~]# systemctl disable firewalld
[root@localhost ~]# systemctl status firewalld
    firewalld.service - firewalld - dynamic firewall daemon
    Loaded: loaded (/usr/lib/systemd/system/firewalld.service; disabled;
vendor preset: enabled)
    Active: inactive (dead)
```

若出现 "Active: inactive (dead)" 提示，则表示防火墙已关闭。

③ 修改/etc/selinux 目录中的 config 文件，设置 SELINUX 为 disabled 后，保存并退出文件。

```
[root@localhost ~]# setenforce 0
[root@localhost ~]# vi /etc/selinux/config
SELINUX=disabled              // 将 SELINUX 设置为 disabled
```

④ 将 docker-local.tar.gz 文件上传到离线的主机，本书将文件复制到/opt 目录，将 docker-local.tar.gz 文件解压到/opt/docker 目录。

```
[root@localhost ~]# mkdir -p /opt/docker
[root@localhost ~]#  tar -zxvf /opt/docker-local.tar.gz -C /opt/docker
```

⑤ 配置 docker-ce 的 yum 源。

```
[root@localhost ~]# rm -ivf /etc/yum.repos.d/*.repo  // 删除原有的 repo 文件
[root@localhost docker]# vi /etc/yum.repos.d/docker-ce.repo
// 添加如下内容
[docker]
```

```
name=docker ce
baseurl=file:///opt/docker
gpgcheck=0
enabled=1
gpgkey=file:///opt/docker/gpg
```

⑥ 安装必备的软件包。

```
[root@localhost docker]# yum -y install deltarpm libxml2-python python-deltarpm createrepo
```

⑦ 构建本地安装源。

```
[root@localhost docker]# createrepo -d /opt/docker/repodata
[root@localhost docker]# yum clean all
[root@localhost docker]# yum makecache
[root@localhost docker]# yum repolist
```

⑧ 安装并启动 Docker，利用 clocker Version 命令查看已安装 Docker 的版本。

```
[root@localhost docker]# yum -y install docker-ce
[root@localhost docker]# systemctl start docker
[root@localhost docker]# systemctl enable docker
[root@localhost docker]# docker version
Client:
 Version:        18.03.0-ce
 API version:    1.37
 Go version:     go1.9.4
 Git commit:     0520e24
 Built: Wed Mar 21 23:09:15 2018
 OS/Arch:        linux/amd64
 Experimental:   false
 Orchestrator:   swarm

 Server:
 Engine:
  Version:       18.03.0-ce
  API version:   1.37 (minimum version 1.12)
  Go version:    go1.9.4
  Git commit:    0520e24
  Built:         Wed Mar 21 23:13:03 2018
  OS/Arch:       linux/amd64
```

```
Experimental: false
```

3. 在 Windows 操作系统中安装 Docker

（1）安装 Docker 的基本要求：64 位操作系统，版本为 Windows 7 或更高；支持 Hardware Virtualization Technology 功能，并且要求开启 Virtualization 功能。

（2）双击运行下载的 DockerToolbox.exe 文件，弹出"打开文件-安全警告"对话框，如图 1-5 所示。

图 1-5 "打开文件-安全警告"对话框

（3）单击"运行"按钮，打开"Setup-Docker Toolbox"窗口，如图 1-6 所示。

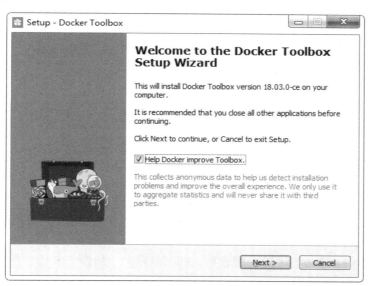

图 1-6 "Setup-Docker Toolbox"窗口

（4）单击"Next"按钮，选择安装路径，这里默认选择 C 盘，如图 1-7 所示。
（5）单击"Next"按钮，勾选所需的组件，如图 1-8 所示。

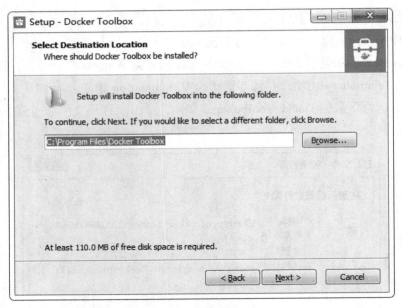

图 1-7　选择安装路径

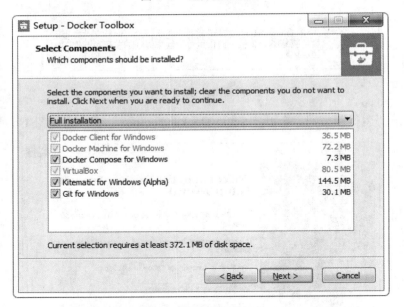

图 1-8　勾选所需的组件

（6）单击"Next"按钮，选择是否需要创建快捷方式，添加环境变量到 PATH 路径中等，再次单击"Next"按钮。

（7）确认 Docker Toolbox 的安装选项，如安装路径、所需安装的组件等，如图 1-9 所示，单击"Install"按钮。

注意：在 Docker Toolbox 的安装过程中会出现其他应用的安装过程，如 Oracle Corporation 等系列软件，选择全部进行安装即可。

安装结束后，在桌面上可看到图 1-10 所示的 Docker 应用程序的快捷方式图标。

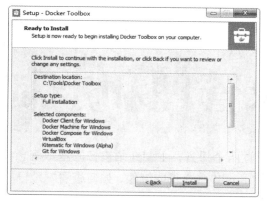

图 1-9 确认 Docker Toolbox 的安装选项

图 1-10 Docker 应用程序的快捷方式图标

（8）双击"Docker Quickstart Terminal"图标，打开"Docker Quickstart Terminal"应用，Terminal 会自动进行一些设置，当进入图 1-11 所示的 Docker 运行界面时，表示 Docker 安装完成。

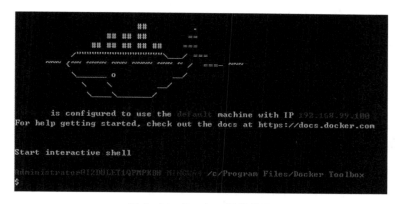

图 1-11 Docker 运行界面

【项目实训】安装和使用 Docker

实训目的

（1）掌握 Docker 在 RedHat 操作系统中的安装方法。
（2）掌握 Docker 在 Windows 操作系统中的安装方法。

实训内容

（1）在 RedHat 中安装 Docker，版本为 Docker 18.03.0.ce-1。
（2）在 Windows 中安装 Docker 的最新版本。

PROJECT 2 项目 2
Docker 镜像管理和定制

镜像是 Docker 的核心技术之一。本项目通过两个任务，主要介绍镜像的基本概念和围绕镜像这一核心概念的具体操作，包括如何使用 pull 命令获取镜像，如何查看本地已有的镜像信息和管理镜像，如何创建用户定制的镜像，以及如何创建私有仓库。

知识目标

- 了解镜像的基本概念。
- 掌握镜像的常用操作命令。
- 了解仓库的基本概念。
- 掌握镜像仓库的构建及使用方法。
- 掌握构建镜像的基本方法。

能力目标

- 掌握镜像的基本操作。
- 掌握镜像仓库的构建方法。

任务 2.1 查看和管理 Docker 镜像

任务要求

工程师小王编写完 Docker 安装手册并提交后，经公司审核，公司安排小王继续编写相关技术手册，在公司进一步推广该技术。小王决定编写关于 Docker 镜像命令的操作手册，并完成构建私有仓库的工作。

相关知识

2.1.1 Docker 镜像

镜像是 Docker 最核心的技术之一，也是应用发布的标准格式。Docker 镜像类似于虚拟机中的镜像，是一个只读的模板，也是一个独立的文件系统，包括运行容器所需的数据。例如，一个镜像可以包含一个基本的操作系统环境，其中仅安装了 nginx 应用或用户需要的其他应用，可以将其称为一个 nginx 镜像。

　　Docker 镜像是 Docker 容器的静态表示，包括 Docker 容器所要运行的应用代码及运行时的配置。Docker 镜像采用分层的方式构建，每个镜像均由一系列的"镜像层"组成。镜像一旦被创建就无法被修改，一个运行着的 Docker 容器是一个镜像的实例，当需要修改容器镜像的某个文件时，只能对处于最上层的可写层进行变动，而不能覆盖下面只读层的内容。如图 2-1 所示，可写层位于底下的若干只读层之上，运行时的所有变化，包括对数据和文件的写及更新，都会保存在可写层中。

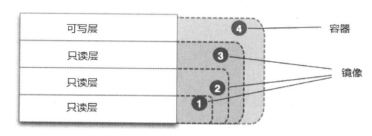

图 2-1　Docker 容器的分层结构

　　同时，Docker 镜像采用了写时复制（Copy-on-Write）的策略，在多个容器之间共享镜像，每个容器在启动的时候并不需要单独复制一份镜像文件，而是将所有镜像层以只读的方式挂载到一个挂载点，再在上面覆盖一个可读写的容器层。写时复制策略配合分层机制的应用，减少了镜像对磁盘空间的占用和容器启动时间。

　　Docker 镜像采用统一文件系统（Union File System）对各层进行管理。统一文件系统技术能够将不同的层整合成一个文件系统，为这些层提供一个统一的视角，这样就隐藏了多层的存在，从用户的角度看来，只存在一个文件系统。

2.1.2　Docker 镜像仓库

　　项目 1 介绍过仓库中的 Docker 架构是很重要的，镜像会因业务需求的不同以不同类型的形式存在。这就需要一个很好的机制对这些类型的镜像进行管理，而镜像仓库（Repository）很好地解决了这个问题。

　　镜像仓库是集中存放镜像的地方，分为公共仓库和私有仓库。仓库注册服务器（Registry）是存放仓库的地方，一个 Docker Registry 中可以包含多个仓库，各个仓库根据不同的标签和镜像名管理各种 Docker 镜像。

　　一个镜像仓库中可以包含同一个软件的不同镜像，利用标签进行区别。可以利用<仓库名>:<标签名>的格式来指定相关软件镜像的版本。例如，centos:6.5 和 centos:7.2 代表镜像名为 centos，利用标签 6.5 和 7.2 来区分版本。如果忽略标签，则默认会使用 latest 进行标记。

　　仓库名通常以两段路径形式出现，以斜杠为分隔符，可包含可选的主机名前缀。主机名必须符合标准的 DNS 规则，不能包含下划线。如果存在主机名，则可以在其后加一个端口号，反之，使用默认的 Docker 公共仓库。

例如，hbliti/nginx:version1.0.test 表示仓库名为 hbliti、镜像名为 nginx、标签名为 version1.0.test 的镜像。如果要将镜像推送到一个私有的 Registry，而不是公共的 Docker Registry，则必须指定一个 Registry 的主机名和端口来标记此镜像，如 192.168.1.103:5000/nginx:version1.1.test。

1．Docker 公共仓库

Docker Hub 是默认的 Docker Registry，由 Docker 公司维护，其中拥有大量高质量的官方镜像，供用户免费上传、下载和使用。也存在其他提供收费服务的 Registry。公共仓库 Docker Hub 具有以下特点。

（1）数量大、种类多。

（2）稳定、可靠、干净。

（3）仓库名称前没有命名空间。

由于跨地域访问和源地址不稳定等原因，国内在访问 Docker Hub 时，存在访问速度比较慢且容易报错的问题，可以通过配置 Docker 镜像加速器来解决这个问题，加速器表示镜像代理，只代理公共镜像。通过配置 Docker 镜像加速器可以直接从国内的地址下载 Docker Hub 的镜像，比直接从官方网站下载快得多。国内常用的镜像加速器有中科大、阿里云和 DaoCloud 等。常用的配置镜像加速器的方法有两种：一种是手动运行命令，另一种是手动配置 Docker 镜像加速器。

这里以在 CentOS 7 中配置阿里云镜像加速器为例进行介绍，登录阿里云的镜像站，找到专属的镜像加速器地址，如图 2-2 所示。

图 2-2　阿里云专属的镜像加速器地址

针对 Docker 客户端版本大于 1.10.0 的用户，可以通过创建或修改 Daemon 配置文件 /etc/docker/daemon.json 来使用加速器，配置内容如下。

```
{
  "registry-mirrors": ["https://x3nqjrcg.mirrors.aliyuncs.com"]
}
```

镜像加速器配置完成后，需重启 Docker 服务。

```
[root@localhost ~]# systemctl daemon-reload
```

```
[root@localhost ~]# systemctl restart docker
```

2. Docker 私有仓库

虽然 Docker 公有仓库有很多优点，但是也存在一些问题。例如，公司企业级的一些私有镜像，由于镜像涉及一些机密的数据和软件，私密性比较强，因此不太适合放在公有仓库中。此外，出于安全考虑，一些公司不允许公司内网服务器环境访问外网，因此无法下载到公有仓库的镜像。为了解决这些问题，可以根据需要搭建私有仓库，存储私有镜像。私有仓库具有以下特点。

（1）安全性和私密性高。

（2）访问速度快。

（3）自主控制、方便存储和可维护性高。

Docker 私有仓库能够通过 docker-registry 项目来实现，通过 HTTPS 服务完成上传、下载，具体的配置过程可参考任务 2 的实现。

任务实现

1. 使用 Docker 的常用命令

（1）获取镜像。

本地镜像是运行镜像的前提，可以利用 docker pull 命令将网络镜像仓库中的镜像获取到本地。其命令格式如下。

```
docker pull [Docker Registry 地址]仓库名[:标签名]
```

说明：如果只指定了镜像的名称，则默认会获取 latest 标签标记的镜像。

例如，获取 centos:latest 镜像的代码如下。

```
[root@master ~]# docker pull centos:latest       //获取 centos:latest 镜像
latest: Pulling from library/centos
8ba884070f61: Pull complete
Digest: sha256:b40cee82d6f98a785b6ae35748c958804621dc0f2194759a2b8911744457337d
Status: Downloaded newer image for centos:latest
[root@localhost ~]# docker images                // 查看本地镜像信息
REPOSITORY       TAG           IMAGE ID          CREATED           SIZE
centos           latest        9f38484d220f      2 months ago      202MB
```

如果没有配置本地私有仓库，则从 Docker Hub 上获取相应镜像。

例如，从私有仓库中获取 centos:latest 镜像，私有仓库地址为 192.168.51.101 的代码如下。

```
[root@localhost ~]#docker pull 192.168.51.101:5000/centos:latest
```

（2）查看镜像信息。

利用 docker images 命令可列出本地存储的镜像。其命令格式如下。

```
docker images [选项][仓库名][:标签名]
```

docker images 命令的常用选项如下。

① -a：列出本地所有的镜像（含中间映像层，默认情况下，过滤掉中间映像层）。

② -f：显示满足条件的镜像。

③ -q：只显示镜像 ID。

例如，列出本地所有镜像的代码如下。

```
[root@localhost ~]# docker images
REPOSITORY          TAG           IMAGE ID        CREATED         SIZE
ubuntu              latest        47b19964fb50    2 weeks ago     88.1MB
ubuntu              15.10         9b9cb95443b5    2 years ago     137MB
centos              latest        1e1148e4cc2c    2 months ago    202MB
ubuntu              16.10         7d3f705d307c    19 months ago   107MB
```

docker images 命令显示信息中各字段的说明如下。

① REPOSITORY：表示镜像的仓库源。

② TAG：镜像的标签。

③ IMAGE ID：镜像 ID。

④ CREATED：镜像创建时间。

⑤ SIZE：镜像大小。

同一仓库源可以有多个 TAG，代表这个仓库源的不同版本，如 Ubuntu 仓库源中有 15.10、16.01 等不同版本，可以使用 REPOSITORY:TAG 来定义不同的镜像。

例如，列出本地镜像中 REPOSITORY 为 centos 的镜像的代码如下。

```
[root@localhost ~]# docker images centos
REPOSITORY          TAG           IMAGE ID        CREATED         SIZE
centos              latest        1e1148e4cc2c    2 months ago    202MB
```

（3）查找镜像。

利用 docker search 命令可搜索出符合条件的镜像。其命令格式如下。

```
docker search [选项] TERM
```

docker search 命令的常用选项如下。

① --automated：默认为 False，即显示 automated build 镜像。

② --no-trunc：默认为 False，即显示完整的镜像描述。

③ -s：列出收藏数不小于指定值的镜像。

例如，查找镜像名为 centos 的镜像的代码如下。

```
[root@localhost ~]# docker search centos
NAME                 DESCRIPTION                          STARS   OFFICIAL   AUTOMATED
centos               The official build of CentOS.        5205               [OK]
ansible/centos 7 Ansible on Centos 7                      120                [OK]
```

……

docker search 命令显示信息中各字段的说明如下。

① NAME：镜像仓库源的名称。

② DESCRIPTION：镜像描述信息。

③ STARS：镜像收藏数。

④ OFFICIAL：是否为 Docker 官方发布的镜像。

⑤ AUTOMATED：是否为自动化构建的镜像。

例如，搜索收藏数不小于 3 并且为自动化构建 centos 镜像，并完整显示镜像的描述信息。

```
[root@localhost ~]# docker search -s 3 --automated --no-trunc centos
```

（4）标记镜像。

利用 docker tag 命令可为本地镜像添加标签，标签可以看作一个别名，一个镜像可以有多个标签，但只能有一个 ID。其命令格式如下。

```
docker tag [镜像名][:原标签名] [镜像名][:新标签名]
```

例如，将 centos:latest 镜像标记为 centos:test 镜像。

```
[root@localhost ~]# docker images
REPOSITORY          TAG            IMAGE ID            CREATED             SIZE
mysql               latest         81f094a7e4cc        2 weeks ago         477MB
ubuntu              latest         47b19964fb50        2 weeks ago         88.1MB
centos              latest         1e1148e4cc2c        2 months ago        202MB
[root@localhost ~]# docker tag centos:latest centos:test
[root@localhost ~]# docker images
REPOSITORY          TAG            IMAGE ID            CREATED             SIZE
mysql               latest         81f094a7e4cc        2 weeks ago         477MB
ubuntu              latest         47b19964fb50        2 weeks ago         88.1MB
centos              latest         1e1148e4cc2c        2 months ago        202MB
centos              test           1e1148e4cc2c        2 months ago        202MB
```

从 docker images 命令的显示结果来看，本地的 centos:latest 镜像没有任何改变，只是新增了一个标签，标签名为 centos:test。

（5）删除镜像。

利用 docker rmi 命令可删除不需要的镜像，以释放镜像占用的磁盘空间。其命令格式如下。

```
docker rmi [选项] 镜像1 [镜像2...]
```

docker rmi 命令的常用选项如下。

① -f：强制删除。

② --no-prune：不移除该镜像的过程镜像，默认是移除该镜像的过程镜像的。

例如，列出本地主机的所有镜像，并删除镜像名为 mysql:latest 的镜像。

```
[root@localhost ~]# docker rmi mysql:latest           // 等价于 docker rmi mysql
Untagged: mysql:latest
Untagged:
mysql@sha256:a571337738c9205427c80748e165eca88edc5a1157f8b8d545fa127fc3e29269
Deleted: sha256:81f094a7e4ccc963fde3762e86625af76b6339924bf13f1b7bd3c51dbcfda988
Deleted: sha256:77dac193858f3954c3997272aabbad794166770b735ea18c313cd920c6f9ae56
Deleted: sha256:29c7593e2c24df6b8a0c73c4445dce420a41801bb28f1e207c32d7771dfb2585
Deleted: sha256:5b0034d0389c5476c01ad2217fc3eddfcceb7fb71489fa266aac13c28b973bb5
Deleted: sha256:a8380edd959f5f457dfaff93b58bd9926cd7226fc7cfade052459bcaecf5404b
Deleted: sha256:75082d1a98ce7ef9eb053ed89644e09c38b4ebd6c964ec3eb050c637480a2874
Deleted: sha256:afa9c09812bcbc0960c0db6d5c1b3af6286097935e4aa46153b4538ad7082e4f
Deleted: sha256:7d3a170fc2a4187c57e941e4f37913add9034ac7e44f658630d38bc617b673b9
Deleted: sha256:1414c04de349b69ee9d1a593d766a275b92b1a01e4c440092ccde60b1ff8e5d9
Deleted: sha256:bcf08b24b02cc14c6a934d7279031a3f50bc903d903a2731db48b8cb6a924300
Deleted: sha256:81b6eebc1d362d1ca2a888172e315c4e482e0e888e4de4caef3f9e29a3339b78
Deleted: sha256:2c5c6956c8c5752b2034f6ab742040b574d9e3598fbd0684d361c8fc9ccb3554
Deleted: sha256:0a07e81f5da36e4cd6c89d9bc3af643345e56bb2ed74cc8772e42ec0d393aee3
[root@localhost ~]# docker images
REPOSITORY          TAG             IMAGE ID            CREATED             SIZE
ubuntu              latest          47b19964fb50        2 weeks ago         88.1MB
centos              latest          1e1148e4cc2c        2 months ago        202MB
centos              test            1e1148e4cc2c        2 months ago        202MB
```

在删除镜像时，也可以使用镜像 ID、镜像短 ID 进行删除，例如，上面的删除命令也可写为如下形式。

```
[root@localhost ~]# docker rmi 81
//或者
[root@localhost ~]# docker rmi 81f094a7e4cc
```

如果需要批量删除相关镜像，则可以使用 docker image –q 命令来进行配置。

例如，删除所有仓库名为 ubuntu 的镜像的代码如下。

```
[root@localhost ~]# docker rmi $(docker images -q ubuntu)
```

例如，删除本地所有镜像的代码如下。

```
[root@localhost ~]# docker rmi $(docker images -q)
```

此外，对于被多个标签引用的镜像 ID，在删除镜像时需使用最后一个引用该镜像的标签，才能在删除标签的同时删除该镜像的所有文件。

（6）镜像的导入和导出。

利用 docker save 命令和 docker load 命令可实现镜像的导入和导出。

例如，将 ubuntu:latest 镜像导出生成 ubuntu.tar 文件的代码如下。

```
[root@localhost ~]# docker save -o ubuntu.tar ubuntu:latest
```

例如，将 ubuntu.tar 文件导入的代码如下。

```
[root@localhost ~]# docker load --input ubuntu.tar
```

（7）上传镜像。

利用 docker push 命令可将本地镜像上传至仓库中，默认上传到 Docker Hub 中。其命令格式如下。

```
docker push [镜像名]:[标签名]
```

例如，上传本地镜像 centos:test 至镜像仓库的代码如下。

```
[root@localhost ~]# docker push centos:test
```

2．构建 Docker 私有仓库

（1）Docker 私有仓库各宿主机配置信息如表 2-1 所示。

表 2-1　Docker 私有仓库各宿主机配置信息

主机名	IP 地址	节点角色
registry	192.168.51.101/24	私有仓库
node1	192.168.51.102/24	客户端 1
node2	192.168.51.103/24	客户端 2

（2）在 registry 主机上利用 docker pull 命令从 Docker Hub 中获取 registry 镜像，并利用 docker images 命令查看下载的 registry 镜像。

```
[root@registry ~]# docker pull registry    //获取 registry 镜像
Using default tag: latest
latest: Pulling from library/registry
c87736221ed0: Pull complete
1cc8e0bb44df: Pull complete
54d33bcb37f5: Pull complete
e8afc091c171: Pull complete
b4541f6d3db6: Pull complete
Digest:
sha256:8004747f1e8cd820a148fb7499d71a76d45ff66bac6a29129bfdbfdc0154d146
Status: Downloaded newer image for registry:latest
[root@registry ~]# docker images    //查看本地镜像
REPOSITORY      TAG         IMAGE ID        CREATED         SIZE
Registry        latest      f32a97de94e1    5 months ago    25.8MB
```

(3)利用 docker run 命令启动一个 registry 容器,并挂载目录,利用容器提供私有仓库的服务,并利用 docker ps 命令查看 registry 容器是否运行。

```
[root@registry ~]# mkdir /myregistry
[root@registry ~]# docker run -d -p 5000:5000 --name pri_registry -v /myregistry:/var/lib/registry registry
c93669d06c5545b1f90fcb721bdb4da43b7add9fff7ede08b9e58822d1c235d1
[root@registry ~]# docker ps -a
CONTAINER ID        IMAGE          COMMAND                CREATED         STATUS           PORTS                   NAMES
c93669d06c55        registry       "/entrypoint.sh /etc..."   5 minutes ago   Up 5 minutes     0.0.0.0:5000->5000/tcp   pri_registry
```

当容器的 STATUS 状态为 UP 时,表示容器正常启动、运行,并且宿主机的 5000 端口映射到 NAMES 名称为 pri_registry 的容器的 5000 端口。

(4)利用 curl -X GET http://127.0.0.1:5000/v2/_catalog 命令,如果显示如下信息,则表示目前仓库中还没有镜像,此时私有仓库已经创建和启动完毕了。具体的显示信息如下。

```
{"repositories":[]}
```

(5)获取 busybox 镜像,修改标签名称后,将其上传到本地仓库中。

```
[root@registry ~]# docker pull busybox           //获取 busybox:latest 镜像
[root@registry ~]# docker images
REPOSITORY          TAG        IMAGE ID         CREATED        SIZE
busybox             latest     d8233ab899d4     3 days ago     1.2MB
registry            latest     d0eed8dad114     2 weeks ago    25.8MB
[root@registry ~]# docker tag busybox:latest 192.168.51.101:5000/busybox:latest
        // 修改 busybox:latest 标签名为 192.168.51.101:5000/busybox:latest
[root@registry ~]# docker images
REPOSITORY                          TAG        IMAGE ID         CREATED        SIZE
192.168.51.101:5000/busybox         latest     d8233ab899d4     3 days ago     1.2MB
busybox                             latest     d8233ab899d4     3 days ago     1.2MB
registry                            latest     d0eed8dad114     2 weeks ago    25.8MB
```

(6)将镜像 192.168.51.101:5000/busybox 上传到本地仓库中。

```
[root@registry ~]# docker push 192.168.51.101:5000/busybox:latest
The push refers to repository [192.168.51.101:5000/busybox]
Get https://192.168.51.101:5000/v2/: http: server gave HTTP response to HTTPS client
```

如果出现上述提示,则表示本地仓库默认使用 HTTPS 协议进行上传,而当前采用了非 HTTPS 协议上传,此时可采用步骤(7)进行处理。

（7）修改/usr/lib/systemd/system/docker.service 文件，在 ExecStart=/usr/bin/dockerd 后面添加--insecure-registry 192.168.51.101:5000，修改后该行的内容如下。

```
ExecStart=/usr/bin/dockerd --insecure-registry 192.168.51.101:5000
```

保存后退出，重启 Docker 服务。

```
[root@registry ~]# systemctl daemon-reload
[root@registry ~]# systemctl restart docker
```

重启 registry 容器。

```
[root@registry ~]# docker restart pri_registry    //重启pri_registry 容器
```

（8）再次上传镜像 192.168.51.101:5000/busybox 到本地仓库中。

```
[root@registry ~]# docker push 192.168.51.101:5000/busybox:latest
The push refers to repository [192.168.51.101:5000/busybox]
adab5d09ba79: Pushed
latest: digest: sha256:4415a904b1aca178c2450fd54928ab362825e863c0ad5452fd020e92f7a6a47e size: 527
```

（9）在客户端 node1 和 node2 节点上修改/usr/lib/systemd/system/目录中的 docker.service 文件，在 Exec Start=/usr/bin/dockerd 后面添加--insecure-registry 192.168.51.101:5000，保存后并重启 Docker 服务，具体操作参考步骤（7）。

（10）在客户端 node1 和 node2 上获取私有仓库中的 busybox 镜像。

```
[root@node1 ~]# docker pull 192.168.51.101:5000/busybox
[root@node1 ~]# docker images
REPOSITORY                         TAG      IMAGE ID       CREATED      SIZE
192.168.51.101:5000/busybox        latest   d8233ab899d4   3 days ago   1.2MB
[root@node2 ~]# docker pull 192.168.51.101:5000/busybox
[root@node2 ~]# docker images
REPOSITORY                         TAG      IMAGE ID       CREATED      SIZE
192.168.51.101:5000/busybox        latest   d8233ab899d4   3 days ago   1.2MB
```

【项目实训】创建和使用私有仓库

实训目的

（1）掌握 Docker 镜像的基本操作命令。

（2）掌握私有仓库的构建与应用。

实训内容

（1）在 Docker 公有仓库中拉取 nginx:latest、busybox:latest 和 centos:latest 镜像。

（2）列出所有本地镜像。

（3）在 Docker 公有仓库中搜索收藏数不小于 5 的 redhat 镜像，并且完整显示镜像描述信息。

（4）获取收藏数最高的 redhat 镜像。

（5）将 redhat 镜像标签名修改为 redhat:v7.0。

（6）将 nginx:latest 镜像导出，命名为 nginx.tar。

（7）删除 nginx:latest 镜像，并运行 docker images 命令进行查看。

（8）将 nginx.tar 导入，并运行 docker images 命令进行查看。

（9）构建私有仓库。

（10）将本地的 nginx:latest、busybox:latest 和 centos:latest 镜像推送到私有仓库中。

（11）删除本地所有镜像。

任务 2.2　创建定制的 Docker 镜像

任务要求

小王编写完 Docker 镜像基础操作手册后，发现因镜像基础操作手册中所用的镜像均为 Docker Hub 提供的镜像，在实际应用过程中，存在与实际需求有差异的问题。因此，小王决定在操作手册中添加关于 Docker 镜像定制的功能，并通过实例进行说明。

相关知识

2.2.1　通过 commit 命令创建镜像

创建 Docker 镜像有以下两种方法。

（1）使用 docker commit 命令手动创建。

（2）使用 docker build 命令和 Dockerfile 文件进行创建。

原则上来讲，用户并不是真正"创建"一个新镜像，无论是启动一个容器或创建一个镜像，都是在已有的基础镜像上构建的，如基础 centos 镜像、ubuntu 镜像等。

docker commit 命令只提交容器镜像发生变更的部分，即修改后的容器镜像与当前仓库对应镜像之间的差异部分，这使得更新非常轻量。

Docker Daemon 接收到对应的 HTTP 请求后，需要执行的步骤如下。

（1）根据用户请求判定是否暂停该 Docker 容器的运行。

（2）将容器的可读写层导出打包，该层代表了当前运行容器的文件系统与当初启动容器的镜像之间的差异。

（3）在层存储中注册可读写层差异包。

（4）更新镜像历史信息和 rootfs，并据此在镜像存储中创建一个新镜像，记录其元数据。

（5）如果指定了 repository 信息，则给上述镜像添加标签信息。

docker commit 命令的格式如下。

```
docker commit[选项] <容器ID或容器名> [<仓库名>[:<标签>]]
```

docker commit 命令的常用选项如下。

（1）-a：提交镜像的作者。

（2）-c：使用 Dockerfile 指令来创建镜像。

（3）-m：提交时的说明文字。

（4）-p：在提交时，将容器暂停。

虽然 docker commit 命令可以比较直观地构建镜像，但在实际环境中并不建议使用 docker commit 命令构建镜像。其主要原因如下。

（1）在构建镜像的过程中，由于需要安装软件，因此可能会有大量的无关内容被添加进来，如果不仔细清理，则会导致镜像极其臃肿。

（2）在构建镜像的过程中，docker commit 命令对所有镜像的操作都属于暗箱操作，这意味着除了制定镜像的用户知道执行过什么命令、怎样生成的镜像之外，其他用户无从得知，因此给后期对镜像的维护带来了很大困难。

2.2.2 利用 Dockerfile 创建镜像

Dockerfile 文件是一个文本文件，也是一个 Docker 可以解释的脚本文件，在这个脚本文件中记录着用户创建镜像过程中需要执行的所有命令。Dockerfile 从 FROM 命令开始，紧接着是各种方法、命令和参数。其产出为一个新的可以用于创建容器的镜像。

当 Docker 读取并执行 Dockerfile 中所定义的指令时，这些指令将会产生一些临时文件层，并会用一个名称来标记这些临时文件层。

Dockerfile 的常用指令如下。

1. FROM 指令

FROM 是 Dockerfile 内置命令中唯一一个必填项，共有以下 3 种用法。

```
FROM <image>
FROM <image>:<tag>
FROM <image>:<digest>
```

FROM 指令的功能是指定基础镜像，并且它必须是 Dockerfile 中的第一条指令（注释除外）。FROM 指定的基础镜像可以是本地已存在的镜像，也可以是远程仓库中的镜像，即当 Dockerfile 指令执行时，如果本地没有其指定的基础镜像，则会从远程仓库中下载此镜像。

当需要在一个 Dockerfile 中构建多个镜像时，允许多次出现 FROM。当 Dockerfile 执行完毕之后，会同时生成多个镜像，但只会输出最后一个镜像的 ID 值，中间的镜像会被标记为<none>:<none>。

2. MAINTAINER 指令

MAINTAINER 指令可以放置在 Dockerfile 命令的任意位置。该指令用于声明镜像作者，建议放在 FROM 指令之后。MAINTAINER 指令的格式如下。

```
MAINTAINER <name>
```

3. RUN 指令

RUN 指令是 Dockerfile 执行命令的核心部分，是用于在镜像中执行命令的指令，它接收命令作为参数并用于创建镜像。RUN 指令有以下两种格式。

```
格式1: RUN <command>
格式2: RUN ["executable", "param1", "param2"]
```

当使用 RUN <command>的用法时，表示在 Shell 终端中运行命令。例如,/bin/sh -c "echo hello"，但该指令用法有一个限制，即在镜像中必须要有/bin/sh。如果基础镜像没有/bin/sh，则需要使用 RUN ["executable", "param1", "param2"]，表示用 exec 执行，指定其他运行终端使用 RUN["/bin/bash","-c","echo hello"]。

Dockerfile 的每一个指令都会构建新文件层。例如，在 AUFS 中，所有的镜像最多只能保存 126 层，而执行一次 RUN 就会产生一个新文件，并在其上执行命令，执行完毕后，提交这一层的修改，构成新的镜像。所以，对于一些编译、软件的安装、更新等操作，无须分成几层来操作，这样会使得镜像非常臃肿，不仅增加了构建部署的时间，还很容易出错。

```
RUN mkdir -p /user/centos
RUN yum install -y httpd
```

可以写为

```
RUN mkdir -p /user/centos && yum install -y httpd
```

这样只需使用一条 RUN 指令，只会新建一层。因此，对于一些需要合并为一层的操作，可以使用&&符号将多个命令分割开，使其先后执行；如果 RUN 指令太长，则可以使用\符号进行换行操作；此外，还可以使用#符号进行行首的注释。

4. CMD 指令

CMD 指令与 RUN 指令基本相似，其指令格式如下。

```
格式1: CMD ["executable","param1","param2"]
格式2: CMD ["param1","param2"]
格式3: CMD command param1 param2
```

当用户需要脱离 Shell 环境来执行命令时，可以使用指令格式 1 的用法，该用法也是推荐的用法。其设定的命令将作为容器启动时的默认执行命令。

```
RUN ["/bin/bash", "-c", "echo hello"]
```

当使用指令格式 2 时，其中的 param 作为 ENTERPOINT 的默认参数使用。

当使用指令格式 3 时，以"/bin/sh -c"的方法执行命令。

```
CMD "/usr/sbin/nginx -c /etc/nginx/nginx.conf"
```

在一个 Dockerfile 中可以同时出现多次 CMD 指令，但只有最后一条 CMD 指令生效。同时，CMD 中只能使用双引号，不能使用单引号。

CMD 指令与 RUN 指令的区别在于，RUN 指令在 docker build 时执行，而 CMD 指令在 docker run 时运行。CMD 指令的首要目的在于为启动的容器指定默认要运行的程序，程序运行结束，容器也就结束了。需要注意的是，CMD 指令指定的程序可被 docker run 命令行参数中指定的要运行的程序覆盖。

5. ENTRYPOINT 指令

ENTRYPOINT 指令类似于 CMD 指令，但其不会被 docker run 的命令行参数指定的指令所覆盖，且这些命令行参数会被当作参数送给 ENTRYPOINT 指令指定的程序；但是，如果运行 docker run 时使用了--entrypoint 选项，则此选项的参数可当作要运行的程序覆盖 ENTRYPOINT 指令指定的程序。ENTRYPOINT 指令的格式如下。

格式1：ENTRYPOINT <command>

格式2：ENTRYPOINT ["<executeable>","<param1>","<param2>",...]

当指定了 ENTRYPOINT 指令时，CMD 指令中的命令性质将会发生改变，CMD 指令中的内容将会以参数形式传递给 ENTRYPOINT 指令中的命令。

```
FROM ubuntu:16.01
CMD ["-c"]
ENTRYPOINT ["top","-b"]
```

把可能需要变动的参数写到 CMD 指令中，并在 docker run 命令中指定参数，这样 CMD 指令中的参数（此处是-c）就会被覆盖，而 ENTRYPOINT 指令中的参数不会被覆盖。

6. ENV 指令

ENV 指令的主要功能是设置环境变量。其指令格式如下。

格式1：ENV <key> <value>

格式2：ENV <key1>=<value1> <key2>=<value2>...

使用格式 1 时，一次只能定义一个 key，其中，第一个字符串将被当作 key 来处理，后面的字符串将被当作 value 来处理。

```
ENV username TOM
```

使用格式 2 时，一次可以定义多个 key，其中，等号左边的字符串被当作 key，等号右边的字符被当作 value。多个 key 可用空格进行分隔，如果某个 key 的值是由一组英文单词构成的，则可以用""进行定界，为了美观，可以使用 \ 进行换行。

```
FROM ubuntu:16.04 RUN MODE=test DESCRITPION="android" \
TITLE="HuaWei"
```

可以使用 CMD 或 ENTRYPOINT 指令的 exec 格式来输出环境变量的值。

```
CMD ["echo", $MODE]
CMD ["echo", "$MODE"]
```

如果不能正确输出环境变量的值，则可以改为以 exec 格式来执行 Shell 命令。

```
CMD ["sh", "-c", "echo $MODE"]
```

7．ARG 指令

ARG 指令用于定义构建时需要的参数。其指令格式如下。

```
ARG <参数名>[=<默认值>]
```

例如，使用 ARG 指令定义参数，在利用 docker build 命令创建镜像的时候，可使用格式 --build-arg <varname>=<value>来指定参数。

```
--build-arg user_name=username_value
```

如果利用 docker build 命令传递的参数在 Dockerfile 中没有对应的参数，则会抛出警告，但从 1.13 版本开始，不再报错退出，而是显示警告信息，并继续构建镜像。

在构建镜像的过程中，不建议以参数的形式传递机密信息，如密码信息等。

8．ADD 指令

ADD 指令的功能是将主机目录中的文件、目录及一个 URL 标记的文件复制到镜像中。其指令格式如下。

```
格式 1: ADD <src>... <dest>
格式 2: ADD ["<src>",... "<dest>"]
```

ADD 指令的两个格式基本相同，区别在于，格式 2 可以用于处理文件路径有空格的情况。

当 src 标记的是本地路径或者目录时，其相对路径应该是相对于 Dockerfile 所在目录的路径。在 src 标记的路径中，允许使用通配符。dest 指向容器中的目录，不允许使用通配符。其指定的路径必须是绝对路径，或者相对于 WORKDIR 的相对路径。如果 dest 指定的目录不存在，则当 ADD 指令执行时，将会在容器中自动创建此目录。

```
ADD *.conf  /myconf         //用*代表多个任意字符
ADD ?.txt  /myconf          //用?代表任意一个字符
```

在使用 ADD 指令时，需注意以下事项。

（1）如果源路径是一个文件，且目标路径是以 / 结尾的，则 Docker 会把目标路径当作一个目录，并把源文件复制到该目录中。如果目标路径不存在，则会自动创建目标路径。

（2）如果源路径是一个文件，且目标路径不是以 / 结尾的，则 Docker 会把目标路径当作一个文件。如果目标路径不存在，则会以目标路径为名创建一个文件，内容同源文件；如果目标文件是一个存在的文件，则会用源文件覆盖它，但只是内容覆盖，文件名还是目标文件名。如果目标文件实际是一个存在的目录，则会将源文件复制到该目录中。

（3）如果源路径是一个目录，且目标路径不存在，则 Docker 会自动以目标路径创建一个目录，把源路径目录中的文件复制进来。如果目标路径是一个已经存在的目录，则 Docker 会把源路径目录中的文件复制到该目录中。

（4）如果源文件是一个归档文件（压缩文件），则 Docker 会自动解压此文件。

9. COPY 指令

COPY 指令和 ADD 指令的功能及使用方法基本相同，只是 COPY 指令不会做自动解压工作，其指令格式如下。

```
格式1: COPY <src>... <dest>
格式2: COPY ["<src>",... "<dest>"]
```

同 ADD 指令一样，COPY 指令格式 2 也用于处理路径中存在空格的情况。

COPY 指令的 dest 必须是全路径或者是相对于 WORKDIR 的相对路径。

在实际应用中，如果只是复制文件，则建议使用 COPY 指令；而如果需要自动解压文件，则建议使用 ADD 指令。

10. VOLUME 指令

VOLUME 指令可实现挂载功能，可以将本地文件夹或者其他容器的文件夹挂载到某个容器中，其指令格式如下。

```
格式1: VOLUME <路径>
格式2: VOLUME ["<路径1>", "<路径2>", ...]
```

VOLUME 指令可以将容器及容器产生的数据分离开来，这样，当利用 docker rm container 命令删除容器时，不会影响相关的数据。

```
FROM centos:latest
VOLUME /data
```

这里定义的/data 目录在容器运行时会自动挂载为匿名卷。任何向/data 目录写入的信息都不会被记录到容器存储层中，从而保证了容器存储层的无状态变化。可以通过在 docker run 命令中指定-v 参数对容器匿名卷目录进行覆盖。

```
docker run -dit centos -v /user/containerdata/:/data
```

在使用 VOLUME 指令时需要注意，如果在 Dockerfile 中已经声明了某个挂载点，那么以后对此挂载点文件的操作将不会生效。因此，建议在 Dockerfile 文件的结尾声明挂载点。

11. EXPOSE 指令

EXPOSE 指令用于声明运行时的容器服务端口，其指令格式如下。

```
EXPOSE <端口1> [<端口2>...]
```

EXPOSE 指令只是声明了容器应该打开的端口，实际上并没有打开该端口，在容器启动时，如果不用-p 或-P 指定要映射的端口，则容器是不会将端口映射出去的，外部网络也就无法访问这些端口，这些端口只能被主机中的其他容器访问。因此，只有在容器启动时配置-p 或-P，外部网络才可以访问这些端口。

12. WORKDIR 指令

WORKDIR 指令用于设置容器的工作目录，其指令格式如下。

```
WORKDIR <工作目录>
```

WORKDIR 指令指定的工作目录不存在时，会自动创建该目录。WORKDIR 指令可以为 RUN、CMD、ENTRYPOINT、COPY 和 ADD 指令配置工作目录。

Dockerfile 文件中允许出现多个 WORKDIR，但最终生效的路径是所有 WORKDIR 指定路径的叠加。

```
WORKDIR /user
WORKDIR compute
WORKDIR zhang
RUN pwd
```

其最终目录为/user/compute/zhang。

WORKDIR 指令可以通过 docker run 命令中的-w 参数进行覆盖。

任务实现

1．利用 commit 命令构建镜像

本任务主要利用 centos 基础镜像，通过在其上安装 SSHD 服务，并利用 commit 命令来实现构建镜像的操作。

（1）获取 centos 镜像。

```
[root@localhost ~]# docker pull centos:7
```

（2）利用 centos 镜像建立容器，并运行该容器。

```
[root@localhost ~]# docker run -dit --name centos_sshd centos:7
1506fadfaf155989fff60ff41bd41553810b2fac329dd4e53ba885e026137897
[root@localhost ~]# docker exec -it centos_sshd /bin/bash
```

（3）安装 net-tools，启动 SSH 服务端。

```
[root@e6211d8ff6f0 /]# yum -y install net-tools openssh-server
```

（4）创建 SSH 所需的目录，并在根目录中创建 SSHD 启动脚本。

```
[root@bfde390e7c00 /]# mkdir -pv /var/run/sshd
mkdir: created directory '/var/run/sshd'
[root@bfde390e7c00 /]# echo "/usr/sbin/sshd -D" > /auto_sshd.sh
[root@bfde390e7c00 /]# cat /auto_sshd.sh
/usr/sbin/sshd -D
[root@bfde390e7c00 /]# chmod +x /auto_sshd.sh
```

（5）修改容器内 root 账户的密码。

```
[root@bfde390e7c00 /]# echo "root:hbliti" | chpasswd
```

（6）生成 SSH 主机密钥文件。

```
// 生成 rsa_key
[root@bfde390e7c00 /]# ssh-keygen -t rsa -f /etc/ssh/ssh_host_rsa_key
Generating public/private rsa key pair.
```

```
Enter passphrase (empty for no passphrase):        // 直接按 Enter 键
Enter same passphrase again:                       // 直接按 Enter 键
Your identification has been saved in /etc/ssh/ssh_host_rsa_key.
Your public key has been saved in /etc/ssh/ssh_host_rsa_key.pub.
The key fingerprint is:
SHA256:JexlmrRa78CK0NkGw3XK8QddfGrzcBQBHAP71BJcBWE root@bfde390e7c00
The key's randomart image is:
+---[RSA 2048]----+
|         .=*+E*. |
|         . . o+=o |
|       o * * o+. |
|      . o B X o=.. |
|       + o S ...= |
|      . = + o   . |
|      . o + o.    |
|      . o . o     |
|      . . .       |
+----[SHA256]-----+
// 生成 ecdsa_key
[root@bfde390e7c00 /]# ssh-keygen -t ecdsa -f /etc/ssh/ssh_host_ecdsa_key
Generating public/private ecdsa key pair.
Enter passphrase (empty for no passphrase):        // 直接按 Enter 键
Enter same passphrase again:                       // 直接按 Enter 键
Your identification has been saved in /etc/ssh/ssh_host_ecdsa_key.
Your public key has been saved in /etc/ssh/ssh_host_ecdsa_key.pub.
The key fingerprint is:
SHA256:q4y+3Y6Q60OKPBVxXlZGU8VMM9V+WXVfI4D5bjvYbxM root@bfde390e7c00
The key's randomart image is:
+---[ECDSA 256]---+
|      o=+o**.o*  |
| . . o.o. o+ B   |
|    + o .  .+    |
|   . .    . .o   |
|    .   S .  .   |
|   ...   . o E   |
|...oo   . + . .  |
```

```
|.o. .* + . + o   |
|  .o*o=.o  +..   |
+----[SHA256]-----+
```
// 生成 ed25519_key

```
[root@bfde390e7c00 /]# ssh-keygen -t ed25519 -f /etc/ssh/ssh_host_ed25519_key
Generating public/private ed25519 key pair.
Enter passphrase (empty for no passphrase):            // 直接按 Enter 键
Enter same passphrase again:                           // 直接按 Enter 键
Your identification has been saved in /etc/ssh/ssh_host_ed25519_key.
Your public key has been saved in /etc/ssh/ssh_host_ed25519_key.pub.
The key fingerprint is:
SHA256:UjuZ8wnUDcPYGmgoHeaeNXtazkkPwOiQXIAI730TdQY root@bfde390e7c00
The key's randomart image is:
+--[ED25519 256]--+
|+..o+o .E==      |
|oo.=ooo.o+o+     |
| =.o.* oo. .     |
| . = o B.+       |
| . = = S         |
|   . X O .       |
|    . + +        |
|                 |
|                 |
+----[SHA256]-----+
```

(7) 退出容器,并生成新的 Docker 镜像。

```
[root@bfde390e7c00 /]# exit
[root@localhost ~]# docker commit centos_sshd centos_sshd:latest
sha256:dc1307ddfd70ba1d7eae94a08d26870de14c4b9609ed00dd33b43ee263f420b3
[root@registry ~]# docker images
REPOSITORY         TAG        IMAGE ID         CREATED            SIZE
centos_sshd        latest     dc1307ddfd70     15 seconds ago     313MB
centos             7          5e35e350aded     3 months ago       203MB
```

(8) 启动新的容器,并查看容器是否已经构建。

```
[root@localhost ~]# docker run -dit --name test_centos_sshd centos_sshd:latest
80def08c1bef1d6babaeb84e5c9419608eace5e69e5bd829cd149c18df639a1e
[root@localhost ~]# docker ps -a
```

// 如果容器正常构建，则显示容器名为 test_centos_sshd 的容器为 UP 状态

（9）进入容器，查看 IP 地址，并运行脚本。

```
[root@localhost ~]# docker exec -it test_centos_sshd /bin/bash
[root@80def08c1bef /]# ifconfig
eth0: flags=4163<UP,BROADCAST,RUNNING,MULTICAST>  mtu 1500
        inet 172.17.0.3  netmask 255.255.0.0  broadcast 172.17.255.255
        ether 02:42:ac:11:00:04  txqueuelen 0  (Ethernet)
        RX packets 8  bytes 656 (656.0 B)
        RX errors 0  dropped 0  overruns 0  frame 0
        TX packets 0  bytes 0 (0.0 B)
        TX errors 0  dropped 0  overruns 0  carrier 0  collisions 0
......
// 容器的 IP 地址为 172.17.0.3
[root@6745b6716fc3 /]# ./auto_sshd.sh
```

（10）测试 SSH。

```
[root@regiestry ~]# ssh root@172.17.0.3
The authenticity of host '172.17.0.3 (172.17.0.3)' can't be established.
ECDSA key fingerprint is SHA256:q4y+3Y6Q6OOKPBVxX1ZGU8VMM9V+WXVfI4D5bjvYbxM.
ECDSA key fingerprint is MD5:38:7e:2a:ff:af:b0:18:b8:25:ac:48:51:5f:31:c6:e3.
Are you sure you want to continue connecting (yes/no)? yes     //输入 yes
Warning: Permanently added '172.17.0.3' (ECDSA) to the list of known hosts.
root@172.17.0.3's password:          // 输入密码 hbliti
[root@80def08c1bef /]#                // SSH 登录成功
```

2. 利用 Dockerfile 构建镜像

本任务主要利用 centos:7 基础镜像，在 centos:7 基础镜像上安装 SSHD 服务，要求利用 Dockerfile 来实现构建镜像的操作。

（1）查看本地镜像。

```
[root@localhost ~]# docker images
REPOSITORY        TAG        IMAGE ID          CREATED         SIZE
centos            7          5e35e350aded      3 months ago    203MB
```

（2）新建目录，在目录中新建 Dockerfile 文件。

```
[root@localhost ~]# mkdir -p /user/docker
[root@localhost ~]# cd /user/docker
[root@localhost docker]#
```

（3）编辑 Dockerfile 文件。

```
[root@localhost docker]# vi Dockerfile
```

在文件中输入以下内容。

```
FROM centos:7

MAINTAINER Yifeng,http://www.cnblogs.com/hanyifeng
RUN yum install openssh-server net-tools -y
RUN mkdir /var/run/sshd
RUN echo 'root:hbliti' | chpasswd
RUN sed -i 's/PermitRootLogin prohibit-password/PermitRootLogin yes/' /etc/ssh/sshd_config
ENV HISTTIMEFORMAT "%F %T "
RUN ssh-keygen -A
EXPOSE 22
CMD ["/usr/sbin/sshd","-D"]
```

保存并退出文件。

(4) 利用 build 命令构建镜像。

```
[root@localhost docker]# docker build -t centos_sshd:latest .
Sending build context to Docker daemon  2.048KB
Step 1/10 : FROM centos:7
 ---> 5e35e350aded
......
Step 10/10 : CMD ["/usr/sbin/sshd","-D"]
 ---> Running in 3da8f2cecd3b
Removing intermediate container 3da8f2cecd3b
 ---> ef88a2617dad
Successfully built ef88a2617dad
Successfully tagged centos_sshd:latest
```

(5) 查看镜像是否构建成功,并利用新镜像生成容器。

```
[root@ localhost ~]# docker images
REPOSITORY           TAG      IMAGE ID         CREATED          SIZE
centos_sshd          latest   ef88a2617dad     2 minutes ago    313MB
centos               7        5e35e350aded     3 months ago     203MB


[root@localhost docker]# docker run -dit --name test_centos_sshd centos_sshd:latest
53bc94444fb1fee7ca5b69fb234289f93e67a290d4e8bbf369bef226c51c0bb3
```

(6) 查看新建容器的 IP 地址。

```
[root@localhost docker]# docker exec test_centos_sshd hostname -I
172.17.0.2
```

(7) 验证 SSH 是否配置成功。

```
[root@localhost docker]# ssh root@172.17.0.2
The authenticity of host '172.17.0.2 (172.17.0.2)' can't be established.
ECDSA key fingerprint is 27:c2:a4:ce:14:88:f5:92:29:db:b2:88:40:e6:11:f8.
Are you sure you want to continue connecting (yes/no)? yes      // 输入 yes
Warning: Permanently added '172.17.0.2' (ECDSA) to the list of known hosts.
root@172.17.0.2's password:         //输入密码 hbliti
[root@53bc94444fb1 ~]#              //SSH 登录成功
```

【项目实训】创建定制 Docker 镜像

实训目的

（1）掌握利用 commit 命令构建镜像的方法。
（2）掌握利用 Dockerfile 构建镜像的方法。

实训内容

（1）下载 nginx 镜像。
（2）利用 nginx 镜像生成容器后，进入容器，并修改主页。
（3）使用 commit 命令构建新镜像。
（4）利用新构建的镜像生成容器，并进行测试。
（5）建立镜像目录，在该目录中新建 Dockerfile 文件。
（6）利用 docker build 命令生成镜像。
（7）利用新构建的镜像生成容器，并进行测试。

项目 3 Docker 容器管理

容器是 Docker 的另一个核心概念。对比镜像而言，镜像是静态的只读文件，容器是镜像的一个运行实例，容器带有运行时需要的可写文件层。本项目主要介绍围绕容器这一核心概念的具体操作，包括创建容器、启动容器、终止容器、进入容器内执行操作、删除容器和通过导入/导出容器来实现容器迁移等。

知识目标

- 了解容器的基本概念和特点。
- 了解容器的实现原理。
- 了解镜像和容器的关系。
- 了解控制组（Control Groups，CGroups）的功能。

能力目标

- 掌握容器的基本操作。
- 掌握容器的运维管理。
- 掌握利用 CGroups 对资源进行控制的方法。

任务 3.1 认识 Docker 容器

任务要求

快速的交付和部署是 Docker 的优势之一，Docker 容器涉及部署和运维。工程师小王决定编写 Docker 容器基础操作手册，其中包含 Docker 容器的基本介绍和容器的基本操作命令。

相关知识

3.1.1 Docker 容器

Docker 作为一个开源的应用容器引擎，让开发者可以打包其应用及依赖包到一个可移植的容器中，并发布到任何流行的 Linux 机器中，也可以实现虚拟化。容器是一个相对独立的运行环境，这一点类似于虚拟机，但是它不像虚拟机独立得那样彻底。容器通过将软件与周围环境隔离开来，将外界的影响降为最小，如不能在容器内把宿主机上的资源全部消耗掉。Docker 容器具有以下特点。

（1）轻量级：在一台机器上运行的 Docker 容器共享宿主机的操作系统内核，只需占用较少的资源。

（2）标准：Docker 容器基于开放标准，适用于基于 Linux 和 Windows 的应用，在任何环境中都能够始终如一地运行。

（3）安全：Docker 容器将应用程序彼此隔离并从底层基础架构中分离出来。Docker 提供了最强大的默认隔离功能，可以将应用程序问题限制在一个容器中，而非整个机器。

3.1.2 容器实现原理

容器和虚拟机具有相似的资源隔离和分配优势，但是它们的功能不同，虚拟机实现资源隔离的方法是通过一个独立的 Guest OS，并利用 Hypervisor 虚拟化 CPU、内存、I/O 设备等实现的，引导、加载操作系统内核是一个比较耗时而又消耗资源的过程。与虚拟机实现资源和环境隔离相比，容器不用重新加载一个操作系统内核，它利用 Linux 内核特性实现隔离，可以在几秒内完成启停，并可以在宿主机上启动更多数量的容器。Docker 容器的实现原理如下。

（1）通过 namespace 对不同的容器实现隔离，namespace 允许一个进程及其子进程从共享的宿主机内核资源（挂载点、进程列表等）中获得一个仅自己可见的隔离区域，让同一个 namespace 下的所有进程感知彼此的变化，而对外界进程一无所知，仿佛运行在一个独占的操作系统中一样。

（2）通过 CGroups 隔离宿主机上的物理资源，如 CPU、内存、磁盘 I/O 和网络带宽。使用 CGroups 还可以为资源设置权重、计算使用量、操控任务（进程或线程）启停等。

（3）使用镜像管理功能，利用 Docker 的镜像分层、写时复制、内容寻址、联合挂载技术实现一套完整的容器文件系统及运行环境，结合镜像仓库，镜像可以快速下载和共享，以便在多环境中部署。

3.1.3 Docker 镜像与容器的关系

Docker 镜像是 Docker 容器运行的基础。镜像和容器的关系就像面向对象程序设计中的类和实例一样，镜像是静态的定义，容器是镜像运行的实例。有了镜像才能启动容器，容器可以被创建、启动、终止、删除、暂停等。在容器启动前，Docker 需要本地存在对应的镜像，如果本地不存在对应的镜像，则 Docker 会进行镜像仓库下载（默认镜像仓库是 Docker Hub）。

每一个镜像都会有一个文本文件 Dockerfile，其定义了如何构建 Docker 镜像。由于 Docker 镜像是分层管理的，因此 Docker 镜像的定制实际上就是定制每一层所添加的配置、文件。一个新镜像是由基础镜像一层一层叠加生成的，每安装一个软件就等于在现有的镜像上增加一层。

当容器启动时，一个新的可写层被加载到镜像的顶部，这一层称为容器层，容器层之下都为镜像层。只有容器层是可写的，容器层下面的所有镜像层都是只读的，对容器的任何改动都只会发生在容器层中。如果 Docker 容器需要改动底层 Docker 镜像中的文件，则会启动 Copy-on-Write 机制，即先将此文件从镜像层中复制到最上层的可写层中，再对可写层中的副本进行操作。因此，容器层保存的是镜像变化的部分，不会对镜像本身进行任何修改，所以镜像可以被多个容器共享。Docker 对容器内文件的操作可以归纳如下。

（1）添加文件：在容器中创建文件时，新文件被添加到容器层中。

（2）读取文件：当在容器中读取某个文件时，Docker 会从上向下依次在各镜像层中查找此文件，一旦找到就打开此文件并读入内存。

（3）修改文件：在容器中修改已存在的文件时，Docker 会从上向下依次在各镜像层中查找此文件，一旦找到就立即将其复制到容器层中，再进行修改。

（4）删除文件：在容器中删除文件时，Docker 会从上向下依次在各镜像层中查找此文件，找到后在容器层记录此删除操作。

任务实现

1．使用容器的操作命令

（1）创建容器。

docker create 命令用于新建一个容器，其命令格式如下。

```
docker create [OPTIONS] IMAGE [COMMAND] [ARG...]
```

OPTIONS 选项的说明如下。

① -d：后台运行容器，并返回容器 ID。

② -i：以交互模式运行容器，通常与 -t 同时使用。

③ -t：为容器重新分配一个伪输入终端，通常与 -i 同时使用。

④ --name="containername"：为容器指定一个容器名。

⑤ --dns 8.8.8.8：指定容器使用的 DNS 服务器，默认和本地宿主机的一致。

⑥ -h "hostname"：指定容器的 hostname。

⑦ -e username="ritchie"：设置环境变量。

⑧ --cpuset="0-2" or --cpuset="0,1,2"：绑定容器到指定 CPU 中运行。

⑨ -m：设置容器使用内存的最大值。

⑩ --net="bridge"：指定容器的网络连接类型。

⑪ --link=[]：添加链接到另一个容器。

⑫ --expose=[]：开放一个端口或一组端口。

例如，使用 Docker 镜像 centos:latest 创建容器，并将容器命名为 centos7。

```
[root@localhost ~]# docker create -it --name centos7 centos:latest
```

```
cc9a4496368e326f8df90ae2c9a3b52b04c3d8833563340902be18a720a7df31
[root@localhost ~]# docker ps -a
```

通过 docker ps -a 命令可以查看到新建的名称为 centos7 的容器状态为 "Created"，容器并未实际启动。可以利用 docker start 命令启动容器。

（2）列出容器。

docker ps 命令用于列出本地宿主机上的容器，其命令格式如下。

```
docker ps [OPTIONS]
```

OPTIONS 选项的说明如下。

① -a：列表显示本地宿主机上的所有容器，包括未运行的容器。

② -f：根据条件过滤显示的内容。

③ -l：显示最近创建的容器。

④ -n：列出最近创建的 n 个容器。

⑤ -q：静默模式，只显示容器 ID。

⑥ -s：显示总的文件的大小。

例如，列出本地宿主机上所有正在运行的容器信息。

```
[root@localhost ~]# docker ps
```

此命令默认情况下只列出本地宿主机上正在运行的容器，若要列出所有的容器，可使用如下命令。

```
[root@localhost ~]# docker ps -a
```

例如，列出本地宿主机上最近创建的 2 个容器信息。

```
[root@localhost ~]# docker ps -n 2
```

例如，列出本地宿主机上所有容器的 ID。

```
[root@localhost ~]# docker ps -a -q
```

（3）启动容器。

启动容器有两种方式：一种是将终止状态的容器重新启动，另一种是基于镜像创建一个容器并启动。

① 启动终止的容器。docker start 命令用于启动一个已经终止的容器，其命令格式如下。

```
docker start [OPTIONS] CONTAINER [CONTAINER...]
```

例如，启动名称为 centos7 的已终止容器。

```
[root@localhost ~]# docker start centos7
```

容器启动成功后，容器状态为 "UP"。启动容器时，可以使用容器名、容器 ID 或容器短 ID 缩写，但要求短 ID 缩写必须唯一。例如，上面启动容器的操作可使用如下命令实现。

```
[root@localhost ~]# docker start cc9a4496368e
```

或者

```
[root@localhost ~]# docker start cc
```

docker create 命令只是将容器启动起来，如果需要进入交互式终端，则可以利用 docker exec 命令，并指定一个 bash。

② 创建并启动容器。除了利用 docker create 命令创建容器并通过 docker start 命令来启动容器之外，也可以直接利用 docker run 命令创建并启动容器。docker run 命令等价于先执行 docker create 命令，再执行 docker start 命令。其命令格式如下。

```
docker run [OPTIONS] IMAGE [COMMAND] [ARG...]
```

docker run 命令选项的说明同 docker create 命令。

例如，输出"hello world"信息后容器自动终止的代码如下。

```
[root@localhost ~]# docker run centos:latest /bin/echo "hello world"
hello world
[root@localhost ~]# docker ps -a
CONTAINER ID  IMAGE           COMMAND         CREATED         STATUS
eecc55abe7bf  centos:latest   "/bin/echo …"   6 seconds ago   Exited (0) 4 seconds ago
```

通过输出结果可以看出，使用 docker run 命令输出"hello world"信息后，容器自动终止，此时容器状态为"Exited"。该命令与在本地直接执行 /bin/echo "hello world" 命令几乎没有区别，无法知晓容器是否已经启动，也无法实现与用户的交互。

当利用 docker run 命令来创建并启动容器时，Docker 在后台运行的流程如下。

a. 检查本地是否存在指定的镜像，若不存在，则从镜像仓库中下载。
b. 利用镜像创建并启动一个容器。
c. 分配一个文件系统，并在只读的镜像层外面挂载一可写容器层。
d. 从宿主机的网桥接口中桥接一个虚拟接口到容器中。
e. 从地址池分配一个 IP 地址给容器。
f. 执行用户指定的应用程序。
g. 执行完毕后容器被终止。

如果需要实现与用户的交互操作，则可以启动一个 bash 终端。

例如，使用 docker run 命令启动一个容器，并启动一个 bash 终端。

```
[root@localhost ~]# docker run -it centos:latest /bin/bash
[root@99eb0e6b2204 /]#
```

其中，-i 选项表示允许容器的标准输入保持打开，-t 选项表示允许 Docker 分配一个伪终端（pseudo-tty）并绑定到容器的标准输入上。

在交互模式下，用户可以在终端上执行命令，举例如下。

```
[root@99eb0e6b2204 /]# date
Tue Feb 19 05:17:18 UTC 2019
```

可以输入 exit 命令或按 Ctrl+D 组合键退出容器，此时容器处于"Exited"状态。

通常情况下，用户需要容器在后台以守护状态运行，而不是把执行命令的结果直接输出到当前宿主机中，此时可以使用-d参数。

```
[root@localhost ~]# docker run -d centos /bin/sh -c "while true;do echo hello docker;sleep 1;done"
3071cd475e2e9707e60035bf9dd6797b222d9311235498bd4900ac7f3a13f192
```

如果需要查看容器的输入信息，则可以利用 docker logs 命令，该命令可在容器外查看输出信息。

```
[root@localhost ~]# docker logs 307
hello docker
hello docker
hello docker
hello docker
……
```

也可利用 docker attach 命令进入容器实时查看输出信息。

（4）进入容器。

当使用-d参数创建容器后，由于容器在后台运行，因此无法看到容器中的信息，也无法对容器进行操作。如果需要进入容器的交互模式，则可以利用 docker attach 命令或 docker exec 命令，还可以使用 nsenter 工具来实现。

① docker attach 命令：docker attach 命令是 Docker 自带的命令，其命令格式如下。

```
docker attach [OPTIONS] CONTAINER
```

例如，利用 centos 镜像生成容器，并利用 docker attach 命令进入容器的代码如下。

```
[root@localhost ~]# docker run -dit centos:latest /bin/bash
6506adedeba9adbf1a0a0ed4742442ada6a67e829c21672bec4bdcfbed62bd9a
[root@localhost ~]# docker ps -n 1
CONTAINER ID    IMAGE           COMMAND     CREATED         STATUS        PORTS    NAMES
6506adedeba9    centos:latest   "/bin/bash" 6 minutes ago   Up 6 second            sagitated
[root@localhost ~]# docker attach 6506adedeba9   //或利用 docker attach sagitated 命令
[root@6506adedeba9 /]#
```

② docker exec 命令：Docker 在 1.3.X 版本之后提供了 exec 命令用于进入容器。

```
[root@localhost ~]# docker run -dit centos:latest /bin/bash
470177e7f389e75178f4e07ff3a6be67bb1f01fd4c3da0ee51a216231713d95d
[root@localhost ~]# docker ps -n 1
CONTAINER ID    IMAGE           COMMAND     CREATED         STATUS         PORTS    NAMES
470177e7f389   centos:latest   "/bin/bash" 10 seconds ago  Up 9 secondas           tender
[root@localhost ~]# docker exec -it 470177e7f389 /bin/bash
```

```
[root@470177e7f389 /]#
```

在利用 docker exec 命令进入交互式环境时，必须指定-i、-t 参数以及 Shell 的名称。

利用 docker exec 和 docker attach 命令均可进入容器，在实际应用中，推荐使用 docker exec 命令，主要原因如下。

a. attach 是同步的，若有多个用户 attach 到一个容器，则当一个窗口命令阻塞时，其他窗口都无法执行操作。

b. 利用 docker attach 命令进入交互式环境时，使用 exit 命令退出之后，容器即终止，而 docker exec 命令不会这样。

③ nsenter 工具：util-linux 包 2.23 以后的版本中均带有 nsenter 工具，nsenter 可以访问另一个进程的命名空间。系统默认安装 nsenter 工具，可以利用 nsenter --version 命令查看版本，如果没有安装 nsenter 工具，则可以按以下步骤进行安装。

```
[root@localhost ~]#
wget https://www.kernel.org/pub/linux/utils/util-linux/v2.24/util-linux-2.24.tar.gz
[root@localhost ~]# tar -xzvf util-linux-2.24.tar.gz
[root@localhost ~]# cd util-linux-2.24/
[root@localhost ~]# ./configure --without-ncurses
[root@localhost ~]# make nsenter
[root@localhost ~]# sudo cp nsenter /usr/local/bin
```

为了链接到容器，需要知道容器的 PID，可以利用 inspect 命令获取容器的 PID。

例如，获取容器 ID 为 470177e7f389 的 PID，要使用以下代码。

```
[root@localhost ~]# docker inspect -f {{.State.Pid}} 470177e7f389
29745
```

获取容器的 PID 后，可以利用 nsenter 命令进入容器。

```
[root@localhost ~]# nsenter --target 29745 --mount --uts --ipc --net --pid
[root@470177e7f389 /]#
```

（5）启动、终止、重启容器。

启动、终止、重启容器的命令的格式如下。

```
docker start [OPTIONS] CONTAINER [CONTAINER...]        //启动容器
docker stop [OPTIONS] CONTAINER [CONTAINER...]         //终止容器
docker restart [OPTIONS] CONTAINER [CONTAINER...]      //重启容器
```

例如，启动已被终止的容器名为 mycentos 的容器的代码如下。

```
[root@localhost ~]#docker start mycentos
```

例如，终止运行中的容器名为 mycentos 的容器的代码如下。

```
[root@localhost ~]#docker stop mycentos
```

例如，重启容器名为 mycentos 的容器的代码如下。

```
[root@localhost ~]#docker restart mycentos
```

除了利用 docker stop 命令终止容器之外，当 Docker 容器中指定的应用程序终止时，容器也会自动终止。例如，用户利用 exit 命令或按 Ctrl+D 组合键退出终端时，所创建的窗口立即终止，此时容器处于"Exited"状态。

（6）删除容器。

docker rm 命令可以删除一个或多个容器，默认只能删除非运行状态的容器，其命令格式如下。

```
docker rm [OPTIONS] CONTAINER [CONTAINER...]
```

OPTIONS 选项的说明如下。

① -f：强制删除处于运行状态的容器。

② -v：删除容器挂载的数据卷。

例如，删除容器名为 mycentos 的容器的代码如下。

```
[root@localhost ~]# docker rm mycentos
```

如果 mycentos 容器处于非运行状态，则可以正常删除；反之会报错，需要先终止容器再进行删除；也可使用-f 参数进行强制删除，命令如下。

```
[root@localhost ~]# docker rm -f mycentos
```

也可在删除容器的时候，删除容器挂载的数据卷。

例如，删除容器 mycentos 时，删除容器挂载的数据卷。

```
[root@localhost ~]# docker rm -v mycentos
```

如需删除所有处于"Exited"状态的容器，则代码如下。

```
[root@localhost ~]# sudo docker rm $(sudo docker ps -qf status=exited)
```

从 Docker 1.13 以后，可以利用 docker containers prune 命令删除孤立的容器。

```
[root@localhost ~]# docker container prune
```

（7）导入和导出容器。

① 导出容器：如果要导出某个窗口到本地，则可以利用 docker export 命令，可将容器导出为 TAR 文件格式。其命令格式如下。

```
docker export [OPTIONS] CONTAINER
```

其中，OPTIONS 为-o 参数表示指定导出的 TAR 文件名。

例如，将容器名为 mycentos 的容器导出，文件格式为"cent-日期"，其代码如下。

```
[root@localhost ~]# docker export -o centos-`date +%Y%m%d`.tar mycentos
[root@localhost ~]# ls
anaconda-ks.cfg  centos-20190719.tar
```

② 导入容器：可以利用 docker import 命令导入一个镜像，类型为 TAR 文件，其命令格式如下。

```
docker import [OPTIONS] [REPOSITORY[:TAG]]
```

例如，从镜像归档文件 centos-20190719.tar 创建镜像其代码如下。

```
[root@localhost ~]# docker import centos-20190719.tar mycentos:import
sha256:fbade9fea338860e2774596fcec2f05831ae5bab2a7aab8062a471656fe61760
[root@localhost ~]# docker images
REPOSITORY          TAG         IMAGE ID        CREATED         SIZE
mycentos            import      fbade9fea338    6 seconds ago   202MB
```

也可以指定 URL 或者某个目录进行导入，命令如下。

```
# docker import http://example.com/exampleimage.tgz example/imagerepo
```

（8）查看容器配置信息。

docker inspect 命令用于查看容器的配置信息，包括容器名、环境变量、运行命令、主机配置、网络配置和数据卷配置等，其命令格式如下。

```
docker inspect [OPTIONS] CONTAINER|IMAGE|TASK [CONTAINER|IMAGE|TASK...]
```

例如，查看容器名为 mycentos 的容器的配置信息代码如下。

```
[root@localhost ~]# docker inspect mycentos
[
    {
        "Id": "bce62aac07662a19b2af9cedb69449f1a423348d0a8184639bd823b0f135eb60",
        "Created": "2019-07-19T18:09:25.898027121Z",
        "Path": "/bin/bash",
        "Args": [],
        "State": {
            "Status": "running",
            "Running": true,
            "Paused": false,
            "Restarting": false,
            "OOMKilled": false,
            "Dead": false,
            "Pid": 57041,
            "ExitCode": 0,
            "Error": "",
            "StartedAt": "2019-07-19T18:09:26.804378794Z",
            "FinishedAt": "0001-01-01T00:00:00Z"
        },
......
```

可以使用 "--fromat" 参数获取指定的数据。例如，获取容器名为 mycentos 容器的 IP 地址的代码如下。

```
# docker inspect --format='{{range .NetworkSettings.Networks}}{{.IPAddress}}
{{end}}' mycentos
172.17.0.9
```

(9)查看容器日志。

docker logs 命令用于将标准输出数据作为日志输出到 docker logs 命令的终端上,常用于在后台运行的容器中,其命令格式如下。

```
docker logs [OPTIONS] CONTAINER
```

OPTIONS 选项的说明如下。

① -since:指定输出日志的开始日期,即只输出指定日期之后的日志。

② -f:查看实时日志。

③ -t:查看日志生成的日期。

④ -tail=10:查看最后 10 条日志。

例如,查看容器 ID 为 f0d4ca773dbe 的日志信息的代码如下。

```
[root@localhost ~]# docker logs f0d4ca773dbe
```

2.其他容器管理命令

(1)docker pause 命令。

docker pause 命令用于暂停容器进程。

例如,暂停 mycentos 容器的进程的代码如下。

```
[root@localhost ~]# docker pause mycentos
```

(2)docker port 命令。

docker port 命令用于查看容器与宿主机端口映射的信息。

例如,查看容器 relaxed_yonath 的端口映射信息的代码如下。

```
[root@localhost ~]# docker port relaxed_yonath
5000/tcp -> 0.0.0.0:5000
```

(3)docker rename 命令。

docker rename 命令用于更改容器名称。

例如,将容器名为 centos7 的容器更名为 centos7-1 的代码如下。

```
[root@localhost ~]# docker rename centos7 centos7-1
```

(4)docker stats 命令。

docker stats 命令用于动态显示容器的资源消耗情况,包括 CPU、内存、网络 I/O。

例如,查看容器名为 mycetnos 的容器资源消耗情况的代码如下。

```
[root@localhost ~]# docker stats mycentos
```

(5)docker top 命令。

docker top 命令用于查看容器中运行的进程信息。

例如,查看容器名为 mycentos 的容器中运行的进程信息的代码如下。

```
[root@localhost ~]# docker top mycentos
```

（6）docker unpause 命令。

docker unpause 命令用于恢复容器内暂停的进程。

例如，恢复容器名为 mycentos 的容器中暂停进程的代码如下。

```
[root@localhost ~]# docker unpause mycentos
```

（7）docker cp 命令。

docker cp 命令用于在宿主机和容器之间复制文件。

例如，将容器 mysql 中/usr/local/bin/docker-entrypoint.sh 文件复制到宿主机的/root 目录中的代码如下。

```
[root@localhost ~]#docker cp mysql:/usr/local/bin/docker-entrypoint.sh /root
```

修改完毕后，将该文件重新复制到容器中的代码如下。

```
[root@localhost ~]# docker cp /root/docker-entrypoint.sh mysql:/usr/local/bin/
```

【项目实训】创建和管理容器

实训目的

掌握 Docker 容器的基本操作命令。

实训内容

（1）下载 centos 镜像，利用 centos 镜像创建一个新容器，要求利用 docker create 命令创建，且容器名为 CentosTest，并利用 docker ps 命令查看容器的状态。

（2）利用 docker start 命令启动容器名为 CentosTest 容器，并利用 docker ps 命令查看容器的状态。

（3）利用 docker exec 命令进入 CentosTest 容器，在交互终端下查看容器的根目录中的内容。

（4）利用 exit 命令退出，并查看容器的状态。

（5）利用 nginx 镜像创建一个新容器，要求利用 docker run 命令，容器名为 NginxTest。

（6）在本地编写网页文件，文件内容为"欢迎使用 Docker 容器！"，将该文件复制到容器 NginxTest 中，替换原有 nginx 的默认页面。

（7）利用 docker diff 命令查看容器的变化。

（8）将容器 NginxTest 导出，打包成 TAR 文件，文件名为 nginxtest。

（9）利用 nginxtest.tar 文件新建一个镜像，并利用 docker image 命令进行查看。

（10）输出容器 NginxTest 端口与本地宿主机端口的映射关系。

（11）删除 CentosTest 容器和 NginxTest 容器。

任务 3.2　Docker 容器资源控制

任务要求

小王编写完 Docker 容器基础操作手册后，考虑到基础操作手册中只包含对容器的基本操作和维护的内容，为了让同事们更高效地使用容器，小王决定在基础操作手册中添加关于对容器资源控制的内容，并通过实例说明。

相关知识

3.2.1　CGroups 的含义

CGroups 是 Linux 内核提供的一种可以限制单个进程或者多个进程所使用资源的机制，可以对 CPU、内存和磁盘 I/O 等资源实现控制。Docker 可使用 CGroups 提倡的资源限制功能来完成 CPU、内存等部分的资源控制。

CGroups 提供了对进程进行分组化管理的功能和接口的基础结构，内存或磁盘 I/O 的分配控制等具体的资源管理功能是通过对进程进行分组化管理来实现的。这些具体的资源管理功能称为 CGroups 子系统或控制器，主要通过以下九大子系统实现。

（1）blkio：为每个块设备设置 I/O 限制，如磁盘、光盘和 USB 等设备。

（2）cpu：使用调度程序提供对 CPU 的 CGroup 任务访问。

（3）cpuacct：自动生成 CGroup 任务的 CPU 资源使用报告。

（4）cpuset：为 CGroup 中的任务分配独立 CPU（在多核系统中）和内存节点。

（5）devices：允许或拒绝 CGroup 任务访问设备。

（6）freezer：暂停和恢复 CGroup 任务。

（7）memory：设置每个 CGroup 任务使用的内存限制，并自动生成内存资源使用报告。

（8）net_cls：标记每个网络包以供 CGroup 任务使用。

（9）ns：命名空间子系统。

3.2.2　CGroups 的功能和特点

1. CGroups 的主要功能

（1）CGroups 可实现对进程组使用的资源总额的限制。例如，使用 memory 子系统为进程组设定一个内存使用上限，当进程组使用的内存达到限额后再申请内存时，会触发 OOM（Out Of Memory）警告。

（2）CGroups 可实现对进程组的优先级控制。通过分配 CPU 时间片数量及硬盘 I/O、带宽大小可控制进程的优先级。例如，使用 CPU 子系统为某个进程组分配特定 cpu share。

（3）CGroups 可实现对进程组使用的资源数量的记录。例如，使用 cpuacct 子系统可记录某个进程组使用的 CPU 时间。

（4）CGroups 可实现对进程组的隔离和控制。例如，使用 ns 子系统对不同的进程组使用不同的 namespace，以达到隔离的目的，使用不同的进程组实现各自的进程、网络、文件系统挂载空间，也可使用 freezer 子系统将进程组暂停和恢复。

2．CGroups 的特点

（1）控制族群：控制族群是一组按照某种标准划分的进程。CGroups 中的资源控制都是以控制族群为单位实现的。一个进程可以加入某个控制族群中，也可以从一个进程组迁移到另一个控制族群。一个进程组的进程可以使用 CGroups 以控制族群为单位分配资源，并受到 CGroups 以控制族群为单位设定的限制。

（2）层级：控制族群可以组织为 hierarchical 的形式，即一棵控制族群树。子控制组自动继承父节点的特定属性，子控制组还可以有自己特定的属性。

（3）子系统：一个子系统就是一个资源控制器，如 memory 子系统是一个内存控制器。子系统必须附加到一个层级上才能起作用。一个子系统附加到某个层级以后，这个层级上的所有控制族群都受到这个子系统的控制。

任务实现

1．CPU 资源配额控制

（1）CPU 份额控制。

在创建容器时，利用--cpu-shares 参数指定容器所使用的 CPU 份额值。

```
[root@localhost ~]# docker run -dit --cpu-shares 100 busybox
3aebaaa3b2c50bb0c6b91e40aece4061c078f45756e958b01e76dcee34badb33
```

容器创建完成后，可以在/sys/fs/cgroup/cpu/docker/<容器的完整长 ID>目录中查看 cpu.shares 文件，得到 CPU 份额配置信息。

```
[root@localhost ~]# cat /sys/fs/cgroup/cpu/docker/3aebaaa3b2c50bb0c6b91e40aece4061c078f45756e958b01e76dcee34badb33/cpu.shares
100
```

--cpu-shares 的值仅仅表示一个弹性的加权值，不能保证可以获得 1 个 VCPU 或者多少吉赫兹的 CPU 资源。

默认情况下，每个 Docker 容器的 CPU 份额都是 1024。CPU 份额只有在同时运行多个容器时才能体现其效果，单个容器的份额是没有意义的。例如，容器 A 和容器 B 所占用的 CPU 份额分别为 100 和 50，表示在 CPU 进行时间片分配的时候，容器 A 获得 CPU 的时间片的机会是容器 B 的两倍，但分配的结果取决于当时主机和其他容器的运行状态。

CGroups 只在容器分配的资源紧缺时，也就是说，在需要对容器使用的资源进行限制时，才会生效。因此，无法单纯根据某个容器的 CPU 份额来确定有多少 CPU 资源分配给它，资源分配结果取决于同时运行的其他容器的 CPU 分配和容器中进程的运行情况。

（2）CPU 周期控制。

--cpu-period 和--cpu-quota 参数可以控制容器分配的 CPU 的时钟周期。

① --cpu-period 用于指定容器对 CPU 的使用要在多长时间内做一次重新分配。

② --cpu-quota 用于指定在这个周期内，最多可以运行容器的时间。和--cpu-shares 不同的是，这种配置指定了一个绝对值，且没有弹性空间，容器对 CPU 资源的使用绝对不会超过配置的值。

--cpu-period 和--cpu-quota 的单位为微秒；--cpu-period 的最小值为 1000μs，最大值为 1s，默认值为 0.1s；--cpu-quota 的值默认为-1，表示不做控制。

例如，如果容器进程需要每秒使用单个 CPU 的 0.2s 时间，则可以将 cpu-period 设置为 1000000（1s），将 cpu-quota 设置为 200000（0.2s）。在多核情况下，如果允许容器进程完全占用两个 CPU，则可以将 cpu-period 设置为 100000（即 0.1s），将 cpu-quota 设置为 200000（0.2s）。

```
[root@localhost ~]# docker run -dit --cpu-period 100000 --cpu-quota 200000 busybox
f1be3b854e1dba63bac9e178af85768b84a5cbf949a76cad05dc4c7073edc8b7
```

容器创建完成后，可以在/sys/fs/cgroup/cpu/docker/<容器的完整长 ID>目录中查看 cpu.cfs_period_us 和 cpu.cfs_quota_us 文件。

```
[root@localhost ~]# cat /sys/fs/cgroup/cpu/docker/f1be3b854e1dba63bac9e178af85768b84a5cbf949a76cad05dc4c7073edc8b7/cpu.cfs_period_us
100000
[root@localhost ~]# cat /sys/fs/cgroup/cpu/docker/f1be3b854e1dba63bac9e178af85768b84a5cbf949a76cad05dc4c7073edc8b7/cpu.cfs_quota_us
200000
```

（3）CPU 内核控制

对于多核 CPU 的服务器，Docker 可以使用--cpuset-cpus 和--cpuset-mems 参数控制容器运行，限定使用哪些 CPU 内核和内存节点。其对具有 NUMA 拓扑（具有多 CPU、多内存节点）的服务器尤其有用，可以对需要高性能计算的容器进行性能最优的配置。如果服务器只有一个内存节点，则--cpuset-mems 的配置基本上不会有明显效果。

例如，创建容器名为 busybox1 的容器，要求创建的容器只能使用 0 和 1 两个内核。

```
[root@localhost ~]# docker run -dit --name busybox1 --cpuset-cpus 0-1 busybox
f6b73673874dc3dad060428ad4dedd7500ef66a1ac21375c0249cdf0176ecdac
```

容器创建完成后，可以在/sys/fs/cgroup/cpu/docker/<容器的完整长 ID>目录中查看 cpu.cfs_period_us 和 cpu.cfs_quota_us 文件。

```
[root@localhost ~]# cat /sys/fs/cgroup/cpuset/docker/f6b73673874dc3dad060428ad4dedd7500ef66a1ac21375c0249cdf0176ecdac/cpuset.cpus
0-1
```

2．内存配额控制

Docker 通过如下参数来控制容器的内存使用配额，可以实现控制容器的 swap 大小、可用内存大小等。

（1）--memory-swappiness：用于设置容器的虚拟内存控制行为，参数值为 0～100，默认值为 60，参数值越小，越倾向于使用物理内存。当参数值为 100 时，表示尽量使用 swap 分区；当参数值为 0 时，表示禁用容器 swap 功能。

（2）--kernel-memory：核心内存限制，参数值最小为 4MB。

（3）--memory：设置容器使用的最大内存上限，默认单位为 byte，可以使用 KB、MB 或 GB 等。

（4）--memory-swap：等于内存和 swap 分区大小的总和，其设置为-1 时，表示 swap 分区的大小是无限的。其默认单位为 byte，可以使用 KB、MB 或 GB 等。如果--memory-swap 的设置值小于--memory 的值，则使用默认值，即--memory-swap 值的两倍。

（5）--memory-reservation：启用弹性的内存共享，当宿主机资源充足时，允许容器尽量多地使用内存，当检测到内存竞争或者内存不充足时，强制将容器的内存降低到 memory-reservation 所指定的内存大小。若不设置此选项，有可能出现某些容器长时间占用大量内存的情况，导致性能上的损失。

默认情况下，容器可以使用宿主机上的所有空闲内存。

与 CPU 的 CGroups 配置类似，Docker 容器会在目录/sys/fs/cgroup/memory/docker/<容器的完整长 ID>中创建相应 CGroup 配置文件。

例如，创建容器名为 memory1 的容器，设置容器使用的最大内存为 128MB。

```
[root@localhost ~]# docker run -tid --name memory1 --memory 128m busybox
8e2e1bd17b56afe4a803ecb161a3eaf52a28e6587fb50245e20f92bf5fa3737e
```

默认情况下，Docker 还为容器分配了同样大小的 swap 分区，如上面的代码创建出的容器实际上最多可以使用 256MB 内存，而不是 128MB 内存。如果需要自定义 swap 分区大小，则可以通过联合使用--memory-swap 参数来实现控制。

可通过查看 memory.limit_in_bytes 和 memory.memsw.limit_in_bytes 文件提取设置的值。

```
[root@localhost ~ ]# cat /sys/fs/cgroup/memory/docker/8e2e1bd17b56afe4a803ecb161a3eaf52a28e6587fb50245e20f92bf5fa3737e/memory.limit_in_bytes
 134217728       // 128MB=128×1024×1024=134217728Byte
[root@localhost ~ ]# cat /sys/fs/cgroup/memory/docker/8e2e1bd17b56afe4a803ecb161a3eaf52a28e6587fb50245e20f92bf5fa3737e/memory.memsw.limit_in_bytes
 268435456       // 256MB=256×1024×1024=268435456byte
```

注意：执行上述命令时，如果出现下述提示信息，则表示主机上默认不启用 CGroups 来控制 swap 分区，需修改 grub 启动参数。

```
WARNING: Your kernel does not support swap limit capabilities, memory limited without swap.
```

3. 磁盘 I/O 配额控制

Docker 通过以下参数实现对磁盘 I/O 的控制,其中大多数参数必须在有宿主机设备的情况下使用。

(1) --device-read-bps：限制设备的读速度,单位可以是 KB/s、MB/s 或 GB/s。

(2) --device-read-iops：限制设备每秒读 I/O 的次数。

(3) --device-write-bps：限制设备的写速度,单位可以是 KB/s、MB/s 或 GB/s。

(4) --device-write-iops：限制设备每秒写 I/O 的次数。

(5) --blkio-weight：容器默认磁盘 I/O 的加权值,有效值为 10～100。

(6) --blkio-weight-device：针对特定设备的 I/O 加权控制,其格式为 DEVICE_NAME: WEIGHT。

例如,创建容器,限制容器的写速度为 1MB/s,其代码如下。

```
[root@localhost ~]# docker run -tid --name disk1 --device-write-bps /dev/sda:1mb busybox
```

【项目实训】使用 CGroups 控制资源

实训目的

(1) 掌握利用 CGroups 实现 CPU 资源控制的方法。

(2) 掌握利用 CGroups 实现内存资源控制的方法。

(3) 掌握利用 CGroups 实现磁盘 I/O 控制的方法。

实训内容

(1) 利用 busybox 镜像生成容器,设置容器调度的周期为 50000,将容器在每个周期内的 CPU 配额设置为 25000。

(2) 利用 busybox 镜像生成容器,将容器绑定到 CPU 上执行,设置容器调度的周期和周期内的 CPU 配额为 50000。

(3) 利用 busybox 镜像生成两个容器,设置第二个容器的 CPU 使用率是第一个容器的两倍。

(4) 利用 busybox 镜像生成容器,设置容器使用的最大内存为 256MB。

(5) 利用 busybox 镜像生成容器,设置第二个容器读写磁盘的带宽是第一个容器的两倍。

(6) 利用 busybox 镜像生成容器,设置容器写速度为 30 MB/s。

项目 4
Docker 网络和数据卷管理

在生产环境中,经常会碰到需要多个服务组件容器共同协作、对数据进行持久化,或者在多个容器之间共享进程数据等操作。本项目通过两个任务介绍了 Docker 网络管理、数据卷管理的内容,可实现跨主机甚至跨数据中心的通信,以及容器内数据的共享、备份和恢复。

知识目标

- 了解 Docker 网络架构。
- 了解 Docker 网络模式。
- 掌握 Docker 网络的配置和使用。
- 了解 Docker 存储技术。
- 掌握 Docker 数据卷和数据卷容器的使用。

能力目标

- 掌握 Docker 网络的配置方法。
- 掌握 Docker 容器互连的方法。
- 掌握 Docker 数据卷和数据卷容器的使用。

任务 4.1 Docker 网络管理

任务要求

公司员工通过参考工程师小王编写的 Docker 镜像和容器操作手册,对 Docker 的操作有了初步了解,但只能实现对容器的基本操作。公司员工希望对 Docker 的网络、存储技术进行学习。小王通过查阅相关资料,编写了关于 Docker 网络管理的操作手册。

相关知识

4.1.1 Docker 容器网络架构

构建分布式应用程序时,组成它的各个服务器需要能够相互通信。这些在容器中运行的服务，可能会运行在一台或多台主机上，甚至跨越数据中心的不同主机。Docker 通过一整套 docker network 子命令和跨主机的网络支持，允许用户根据应用的拓扑结构创建虚拟网络并将容器接入其所对应的网络。

为了标准化网络的驱动开发步骤和支持多种网络驱动，Docker 公司在 Libnetwork 中使用了容器网络模型（Container Network Model，CNM）。CNM 提供了可以跨不同网络基础架构、可实现移植的应用，能够在平衡应用的可移植性的同时，不损失基础架构原有的各种特性和功能。

CNM 中包括沙盒（Sandbox）、端点（End Point，EP）和网络（Network）3 个核心组件。CNM 核心组件的连接如图 4-1 所示。

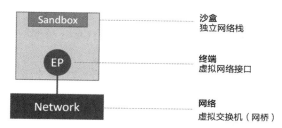

图 4-1　CNM 核心组件的连接

（1）沙盒：包含容器的网络配置。可以对容器接口、路由表和域名系统（Domain Name System，DNS）设置等进行管理。沙盒的实现可以基于 Linux 网络命名空间、FreeBSD Jail 或其他类似概念。一个沙盒可以有多个端点和多个网络。

（2）端点：沙盒通过端点来连接网络。端点的实现可以基于 veth pair、Open VSwitch 内部端口或相似的设备。一个端点只可以属于一个网络并且只属于一个沙盒。

（3）网络：一个网络是一组可以直接互相连通的端点，可以由 Linux 桥接、虚拟局域网（Virtual LAN，VLAN）等来实现。端点如果不连接到其中一个网络，那么将无法与外界产生连接。

CNM 负责为容器提供网络功能。CNM 核心组件与容器的关联方式如下：沙盒被放置在容器内部，为容器提供网络连接。

如图 4-2 所示，容器 A 只有一个端点，连接到了网络 A；容器 B 有两个端点，分别连接到网络 A 和网络 B；容器 A 与容器 B 通过网络 A 实现相互通信，容器 B 的两个端点之间不能通信，如需通信，则需要三层网络设备的支持。

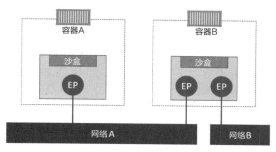

图 4-2　CNM 组件与容器关联

容器网络模型提供了供用户使用的接口，接口主要用于通信、利用供应商提供的附加功能、网络可见性及网络控制等。常用的网络驱动有网络驱动和 IPAM 驱动。目前广泛使用的网络驱动包括内置网络驱动和远程网络驱动。常用的内置网络驱动如表 4-1 所示。

表 4-1 常用的内置网络驱动

驱动	描述
Host	没有命名空间隔离，相当于 Docker 容器和宿主机共用一个网络命名空间，使用宿主机的网卡、IP 和端口等信息
Bridge	Docker 的默认网络驱动，受 Docker 管理的 Linux 桥接网络。默认同一个桥网络的容器可以相互通信
Overlay	提供多主机的容器网络互连，使用了本地 Linux 桥接网络和 VXLAN 技术实现容器之间跨物理网络架构的连接
None	容器拥有自己的网络命名空间，但不为容器进行任何网络配置。如果没有其他网络配置，则容器将完全独立于网络

4.1.2 Docker 网络模式

当使用 docker run 命令创建 Docker 容器时，可以使用--net 选项指定容器的网络模式，Docker 有以下 4 种网络模式。

（1）host 模式，使用--net=host 指定。
（2）container 模式，使用--net=container:NAME_or_ID 指定。
（3）none 模式，使用--net=none 指定。
（4）bridge 模式，使用--net=bridge 指定，是 Docker 容器的默认设置。

Docker 安装后，会自动创建 host、null 和 bridge 网络，可以利用 docker network ls 命令进行查看。

```
[root@localhost ~]# docker network ls
NETWORK ID          NAME                DRIVER              SCOPE
4fa91223e796        bridge              bridge              local
921d5c4fc0c7        host                host                local
5d51cba1f5f7        none                null                local
```

1．host 模式

在这种模式下，Docker 使用网络命名空间来隔离网络。一个 Docker 容器一般会分配一个独立的网络命名空间。启动容器时，容器将不会获得独立的网络命名空间，而是和宿主机共用网络命名空间。容器不会虚拟出网卡并配置 IP 地址，而是使用宿主机的 IP 地址和端口。host 模式如图 4-3 所示。

例如，利用 nginx 镜像创建容器并启动，监听 80 端口，网络模式设置为 host 模式，其代码如下。

```
[root@localhost ~]# docker run -dit --net=host -p 80:80 nginx
```

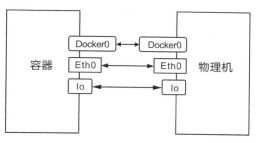

图 4-3 host 模式

容器启动后，如需访问容器中的 nginx 应用，则可直接使用 "IP 地址:80"，不需要做网络地址转换（Network Address Translation，NAT），如图 4-4 所示。

图 4-4 host 模式示例

在 host 模式下，容器中的文件系统、进程列表等资源和宿主机是隔离的，但容器的网络环境隔离性被弱化，容器不再拥有隔离的、独立的网络栈，容器内部不会拥有所有的端口资源，这是因为部分端口资源会被宿主机上的应用服务所占用。

2. container 模式

container 模式指定了新创建的容器和已经存在的容器共享一个网络命名空间，而不是和宿主机共享。虽然多个容器共享网络环境，但容器和容器、容器和宿主机之间依然形成了网络隔离，这在一定程度上可以节约网络资源。但需要注意的是，容器内部依然不会拥有所有的端口资源。

例如，利用 busybox 镜像创建容器 busybox1 和 busybox2，将 busybox2 的网络设置为 container 模式，与 busybox1 容器共享网络环境。

```
[root@localhost ~]# docker run -it --name busybox1 busybox
/ # ip a
1: lo: <LOOPBACK,UP,LOWER_UP> mtu 65536 qdisc noqueue
    link/loopback 00:00:00:00:00:00 brd 00:00:00:00:00:00
    inet 127.0.0.1/8 scope host lo
```

```
        valid_lft forever preferred_lft forever
26: eth0@if27: <BROADCAST,MULTICAST,UP,LOWER_UP,M-DOWN> mtu 1500 qdisc noqueue
    link/ether 02:42:ac:11:00:02 brd ff:ff:ff:ff:ff:ff
    inet 172.17.0.2/16 brd 172.17.255.255 scope global eth0
        valid_lft forever preferred_lft forever
[root@localhost ~]# docker run -it --name busybox2 --net container:busybox1 busybox
/ # ip a
1: lo: <LOOPBACK,UP,LOWER_UP> mtu 65536 qdisc noqueue
    link/loopback 00:00:00:00:00:00 brd 00:00:00:00:00:00
    inet 127.0.0.1/8 scope host lo
        valid_lft forever preferred_lft forever
26: eth0@if27: <BROADCAST,MULTICAST,UP,LOWER_UP,M-DOWN> mtu 1500 qdisc noqueue
    link/ether 02:42:ac:11:00:02 brd ff:ff:ff:ff:ff:ff
    inet 172.17.0.2/16 brd 172.17.255.255 scope global eth0
        valid_lft forever preferred_lft forever
```

其中，busybox2 容器使用的是 busybox1 容器的网络。

3．none 模式

在 none 模式下，Docker 容器拥有自己的网络命名空间，但是并不进行任何网络配置。该模式关闭了容器的网络功能，此时容器没有网卡、IP 地址、路由等信息。none 模式如图 4-5 所示。

图 4-5 none 模式

用户可以根据需要为容器添加网卡、配置 IP 地址等。例如，使用 busybox 镜像建立容器，容器名称为 busybox1，将网络模式设置为 none，并为容器配置 IP 地址，其代码如下。

```
[root@localhost ~]# docker run -it --net none --name busybox1 busybox
[root@localhost ~]# docker exec -it busybox1 /bin/sh
/ # ip a
1: lo: <LOOPBACK,UP,LOWER_UP> mtu 65536 qdisc noqueue
    link/loopback 00:00:00:00:00:00 brd 00:00:00:00:00:00
    inet 127.0.0.1/8 scope host lo
```

```
            valid_lft forever preferred_lft forever
//此时容器没有IP地址
[root@localhost ~]# ip link add veth0 type veth peer name veth1
//将veth设置为一端接入OVS网桥br-int
[root@localhost ~]# brctl addif docker0 veth0    // 将veth0加入网桥
[root@localhost ~]# brctl show
bridge name     bridge id           STP enabled     interfaces
docker0         8000.0242b0660d9f   no              veth0
// 可以看到，veth0已经加入网桥
[root@localhost ~]# ip link set veth0 up                    //启动新增端口
[root@localhost ~]# docker inspect busybox1 | grep Pid
        "Pid": 60545,                                       // pid值为60454
        "PidMode": "",
        "PidsLimit": 0,
[root@localhost ~]# mkdir -p /var/run/netns
[root@localhost ~]# pid=60545
[root@localhost ~]# ln -s /proc/$pid/ns/net /var/run/netns/$pid    //制作软连接
[root@localhost ~]# ip link set veth1 netns $pid         //将veth1连接到容器网络
[root@localhost ~]# ip netns exec $pid ip link set dev veth1 name eth0
            //将veth1重命名为eth0
[root@localhost ~]# ip netns exec $pid ip link set eth0 up    //启用eth0
[root@localhost ~]# ip netns exec $pid ip addr add 172.17.0.100/24 dev eth0
                        //在namespace中指定设备IP地址
[root@localhost ~]# ip netns exec $pid ip route add default via 172.17.0.1
                        //设置网关
/ # ip a                         //在容器busybox1中查看IP地址
1: lo: <LOOPBACK,UP,LOWER_UP> mtu 65536 qdisc noqueue
    link/loopback 00:00:00:00:00:00 brd 00:00:00:00:00:00
    inet 127.0.0.1/8 scope host lo
       valid_lft forever preferred_lft forever
28: eth0@if29: <BROADCAST,MULTICAST,UP,LOWER_UP,M-DOWN> mtu 1500 qdisc pfifo_fast qlen 1000
    link/ether 8a:b8:7c:23:48:c8 brd ff:ff:ff:ff:ff:ff
    inet 172.17.0.100/24 scope global eth0
       valid_lft forever preferred_lft forever
/ # ping 172.17.0.1                      //测试宿主机与网关的连通性
```

```
PING 172.17.0.1 (172.17.0.1): 56 data bytes
64 bytes from 172.17.0.1: seq=0 ttl=64 time=0.920 ms
64 bytes from 172.17.0.1: seq=1 ttl=64 time=0.176 ms
//此时宿主机和容器的网络是连通的
```

4. bridge 模式

bridge 模式会为每一个容器分配网络命名空间,并设置 IP 地址等信息。宿主机上启动的 Docker 容器会连接到一个虚拟网桥上,当 Docker 进程启动时,会默认创建一个名为 docker0 的虚拟网桥。容器通过 docker0 网桥和 IP 表的 NAT 配置与宿主机通信。

Docker 利用 veth pair 技术,在宿主机上创建两个虚拟网络接口——veth0 和 veth1。

veth pair 设备是一对成对的接口,数据从这对接口的一端进入,从另一端输出。

在 bridge 模式下,Docker 容器的通信方式分为容器与宿主机通信、容器与外部网络通信两种。

(1)容器与宿主机通信。

Docker Daemon 先将 veth0 附加到 docker0 网桥上,保证宿主机的数据能够发往 veth0;再将 veth1 添加到 Docker 容器所属的网络命名空间中,保证宿主机的网络报文发往 veth0 时可以被 veth1 收到。

(2)容器与外部网络通信。

如果需要访问外部网络,则需要采用 NAT 功能,即使用 NATP 方式,并需要开启本地系统的转发支持功能。

```
[root@docker2 ~]# sysctl net.ipv4.ip_forward
net.ipv4.ip_forward = 1
```

如果值为 0,则说明没有开启转发功能,需要手动开启此功能。

```
[root@localhost ~]# sysctl -w net.ipv4.ip_forward=1
```

也可以在启动 Docker 服务的时候设定--ip-forward=true,此时会自动设定系统的 ip_forward 参数值为 1。

NATP 包含两种转换方式:源地址转换(Source NAT,SNAT)和目的地址转换(Destination NAT,DNAT)。

① SNAT:修改数据包的源地址,当容器需要访问外部网络时,数据包的流向如图 4-6 所示。

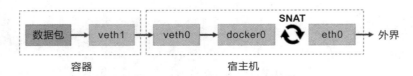

图 4-6 SNAT 方式下数据包的流向

此时,数据包的源地址为容器的 IP 地址和端口,容器内部的 veth1 接口将数据包发往 veth0 接口,到达 docker0 网桥。宿主机上的 docker0 网桥发现数据包的目的地址为外部网络的 IP 地址和端口，便会将数据包转发给 eth0，并从 eth0 发送出去。由于存在 SNAT 规则，因此数据包的源地址将先转换为宿主机的 IP 地址和端口，再将数据包转发到外部网络。这样，外部网络会认定数据包是从宿主机发送出来的，而隐藏容器的网络信息。

② DNAT：修改数据包的目的地址，当外部网络需要访问容器时，数据包的流向如图 4-7 所示。

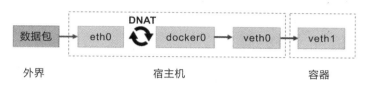

图 4-7 DNAT 方式下数据包的流向

由于容器的 IP 地址与端口对外都是不可见的，所以数据包的目的地址为宿主机的 IP 地址和端口，如 192.168.51.101/24。数据包经过路由器发给宿主机的 eth0，eth0 转发给 docker0 网桥。由于存在 DNAT 规则，因此会将数据包的目的地址转换为容器的 IP 地址和端口。宿主机上的 docker0 网桥识别到容器 IP 地址和端口，于是将数据包发送到 docker0 网桥的 veth0 接口上，veth0 接口再将数据包发送给容器内部的 veth1 接口，容器接收数据包并做出响应。

创建容器时，可以通过-p 或-P 参数来指定端口映射，使外部网络访问容器内的网络服务。

① -p：该参数指定宿主机与容器的端口关系，冒号左边是宿主机的端口，右边是映射到容器中的端口。

② -P：该参数会分配镜像中所有会使用的端口，并映射到主机上的随机端口。

例如，通过 nginx 镜像创建名称为 web1 的容器，将宿主机的 8080 端口映射到容器的 80 端口，其代码如下。

```
[root@localhost ~]# docker run -d --name web1 -p 8080:80 nginx
```

此时可以通过访问宿主机的 8080 端口来访问容器 web1 内的 Web 应用。

当使用-P 标记时，Docker 会随机映射一个 49000～49900 的端口到内部容器开放的网络端口上。

```
[root@localhost ~]# docker run -d --name ski -P training/webapp python app.py
[root@localhost ~]# docker ps -l
CONTAINER ID  ......       STATUS              PORTS                    NAMES
3fc8890f9c89  "python app.py"  Up About a minute  0.0.0.0:32768->5000/tcp  ski
```

通过镜像创建容器前，可利用以下命令查看镜像的暴露端口。

```
[root@localhost ~ ]# docker inspect -f "{{.ContainerConfig.ExposedPorts}}" nginx
map[80/tcp:{}]              //nginx 镜像的暴露端口为 80 端口
```

在默认情况下，基于网桥的网络容器即可访问外部网络，所用 DNS 地址为宿主机配置的 DNS 地址，可利用--dns 参数添加 DNS 服务器到容器的/etc/resolv.conf 中。

```
[root@localhost ~]# docker run -dit --name nginx1 --dns 202.103.24.68 -p 8080:80 nginx
[root@localhost ~]# docker exec -it nginx1 /bin/bash
root@a2c714418d0a:/# cat /etc/resolv.conf
nameserver 202.103.24.68
```

如需设定容器的主机名，则可以使用-h HOSTNAME、--hostname=HOSTNAME、--link=CONTAINER_NAME:ALIAS 参数，参数说明如下。

① -h HOSTNAME 或--hostname=HOSTNAME：设定容器的主机名，会将主机名和容器 IP 地址对应关系写到容器的/etc/hosts 和/etc/hostname 文件中，但该主机名在容器外部看不到。

```
[root@localhost ~]# docker run -it -h nginx1 nginx /bin/bash
root@nginx1:/# cat /etc/hosts
127.0.0.1       localhost
::1     localhost ip6-localhost ip6-loopback
fe00::0 ip6-localnet
ff00::0 ip6-mcastprefix
ff02::1 ip6-allnodes
ff02::2 ip6-allrouters
172.17.0.2      nginx1
```

② --link=CONTAINER_NAME:ALIAS：指定容器间的关联，使用其他容器的 IP 地址等信息，在创建容器的时候添加一个其他容器的主机名到/etc/hosts 文件中。

```
[root@localhost ~]# docker run -it --name busybox1 busybox
/ # ip a
......
40: eth0@if41: <BROADCAST,MULTICAST,UP,LOWER_UP,M-DOWN> mtu 1500 qdisc noqueue
    link/ether 02:42:ac:11:00:02 brd ff:ff:ff:ff:ff:ff
    inet 172.17.0.2/16 brd 172.17.255.255 scope global eth0
       valid_lft forever preferred_lft forever
// busybox1 容器的 IP 地址为 172.17.0.2
# docker run -it --name busybox2 --link=busybox1:busyboxtest busybox
/ # cat /etc/hosts
......
172.17.0.2      busyboxtest bcb45e7ecbad busybox1
// busybox1 主机名和 IP 地址的对应关系
```

```
172.17.0.3      a89ec5bfab22
/ # ping busyboxtest              // 或 ping busybox1
PING busyboxtest (172.17.0.2): 56 data bytes
64 bytes from 172.17.0.2: seq=0 ttl=64 time=0.350 ms
64 bytes from 172.17.0.2: seq=1 ttl=64 time=0.217 ms
64 bytes from 172.17.0.2: seq=2 ttl=64 time=0.224 ms
……
round-trip min/avg/max = 0.217/0.263/0.350 ms
// 可以看到，利用 ping 命令测试 busybox1 容器时，会将其解析为 172.17.0.2
```

任务实现

1. 自定义网桥，实现跨主机 Docker 容器的互连

（1）主机配置信息。

各主机配置信息如表 4-2 所示。

表 4-2 各主机配置信息（1）

主机名	IP 地址/子网掩码	容器名	容器 IP 地址
docker1	192.168.51.101/24	centos1	172.172.0.100
docker2	192.168.51.102/24	centos2	172.172.1.100

（2）在 docker1 上配置网桥。

在 docker1 主机上创建自定义网桥，网桥名称为 docker-br0，为其分配网段 172.172.0.0/24。

```
[root@docker1 ~]# docker network create --subnet=172.172.0.0/24 docker-br0
[root@docker1 ~]# docker network inspect docker-br0
[
    {
        "Name": "docker-br0",
        "Id": "c216698f0391087aa6d855e7af1d18c2575252ecb22563d06a5aed4f3a27f48c",
        "Created": "2019-07-22T11:52:17.926025877-04:00",
        "Scope": "local",
        "Driver": "bridge",
        "EnableIPv6": false,
        "IPAM": {
            "Driver": "default",
            "Options": {},
            "Config": [
```

```
                    {
                        "Subnet": "172.172.0.0/24"
                    }
                ]
        },
    ......
    }
]
```

（3）在 docker1 上配置容器。

在 docker1 主机上通过 busybox 镜像创建名称为 busybox1 的容器，并设置容器的 IP 地址为 172.172.0.10。

```
[root@docker1 ~]# docker run -dit --net docker-br0 --ip 172.172.0.10 --name busybox1 busybox:latest /bin/sh
dd5dd03509d8826c17a684cd68a999f75949eb9a6f638d725cd8f81f8be1f5a9
[root@docker1 ~]# docker exec -it busybox1 /bin/sh
/ # ip address
1: lo: <LOOPBACK,UP,LOWER_UP> mtu 65536 qdisc noqueue
    link/loopback 00:00:00:00:00:00 brd 00:00:00:00:00:00
    inet 127.0.0.1/8 scope host lo
       valid_lft forever preferred_lft forever
5: eth0@if6: <BROADCAST,MULTICAST,UP,LOWER_UP,M-DOWN> mtu 1500 qdisc noqueue
    link/ether 02:42:ac:ac:00:0a brd ff:ff:ff:ff:ff:ff
    inet 172.172.0.10/24 brd 172.172.0.255 scope global eth0
       valid_lft forever preferred_lft forever
// 利用 ip address 命令查看容器的 IP 地址为 172.172.0.10
```

测试 busybox1 容器与 docker1 主机的连通性。

```
/ # ping -c 4 172.172.0.1
PING 172.172.0.1 (172.172.0.1): 56 data bytes
64 bytes from 172.172.0.1: seq=0 ttl=64 time=0.487 ms
64 bytes from 172.172.0.1: seq=1 ttl=64 time=0.254 ms
64 bytes from 172.172.0.1: seq=2 ttl=64 time=0.186 ms
64 bytes from 172.172.0.1: seq=3 ttl=64 time=0.185 ms

--- 172.172.0.1 ping statistics ---
4 packets transmitted, 4 packets received, 0% packet loss
round-trip min/avg/max = 0.185/0.278/0.487 ms
```

（4）在 docker2 上配置网桥。

在 docker2 主机上创建自定义网桥，网桥名称为 docker-br0，为其分配网段 172.172.1.0/24。

```
[root@docker2 ~]# docker network create --subnet=172.172.1.0/24 docker-br0
[root@docker2 ~]# docker network inspect docker-br0
[
    {
        "Name": "docker-br0",
        "Id": "5a043b75464a9e462313711eff8d571d3dbf9ae9cbd26958651ef171d40d59c9",
        "Created": "2019-07-22T12:02:25.364656682-04:00",
        "Scope": "local",
        "Driver": "bridge",
        "EnableIPv6": false,
        "IPAM": {
            "Driver": "default",
            "Options": {},
            "Config": [
                {
                    "Subnet": "172.172.1.0/24"
                }
            ]
        },
        ......
    }
]
```

（5）在 docker2 上配置容器。

在 docker2 主机上通过 busybox 镜像创建名称为 busybox2 的容器，并设置容器 IP 地址为 172.172.1.10。

```
[root@node1 ~]# docker run -dit --net docker-br0 --ip 172.172.1.10 --name busybox2 busybox /bin/sh
53a1002c40c97469330e23f36134cda633dd7d655b2dce4945eef81e260ec2db
[root@node1 ~]# docker exec -it busybox2 /bin/sh
/ # ip address
1: lo: <LOOPBACK,UP,LOWER_UP> mtu 65536 qdisc noqueue
    link/loopback 00:00:00:00:00:00 brd 00:00:00:00:00:00
```

```
        inet 127.0.0.1/8 scope host lo
           valid_lft forever preferred_lft forever
5: eth0@if6: <BROADCAST,MULTICAST,UP,LOWER_UP,M-DOWN> mtu 1500 qdisc noqueue
        link/ether 02:42:ac:ac:01:0a brd ff:ff:ff:ff:ff:ff
        inet 172.172.1.10/24 brd 172.172.1.255 scope global eth0
           valid_lft forever preferred_lft forever
// 利用 ip address 命令查看容器的 IP 地址为 172.172.1.10
```

测试 busybox2 容器与 docker2 主机的连通性。

```
/ # ping -c 4 172.172.1.1
PING 172.172.1.1 (172.172.1.1): 56 data bytes
64 bytes from 172.172.1.1: seq=0 ttl=64 time=0.636 ms
64 bytes from 172.172.1.1: seq=1 ttl=64 time=0.185 ms
64 bytes from 172.172.1.1: seq=2 ttl=64 time=0.182 ms
64 bytes from 172.172.1.1: seq=3 ttl=64 time=0.182 ms

--- 172.172.1.1 ping statistics ---
4 packets transmitted, 4 packets received, 0% packet loss
round-trip min/avg/max = 0.182/0.296/0.636 ms
```

（6）测试 busybox1 和 busybox2 的连通性。

测试 busybox1 容器和 busybox2 容器的连通性。

```
[root@docker1 ~]# docker exec -it busybox1 /bin/sh
/ # ping -c 4 172.172.1.10
PING 172.172.1.10 (172.172.1.10): 56 data bytes


--- 172.172.1.10 ping statistics ---
4 packets transmitted, 0 packets received, 100% packet loss
// 此时，busybox1 容器和 busybox2 容器无法连通
```

（7）配置路由表和 iptables 规则。

在 docker1 主机和 docker2 主机上配置路由表，实现 busybox1 容器和 busybox2 容器的连通。

在 docker1 主机上添加路由和 iptables 规则。

```
[root@docker1 ~]# ip route add 172.172.1.0/24 via 192.168.51.102 dev eno16777736
[root@docker1 ~]# iptables -P INPUT ACCEPT
[root@docker1 ~]# iptables -P FORWARD ACCEPT
[root@docker1 ~]# iptables -F
[root@docker1 ~]# iptables -L -n
```

在 docker2 主机上添加路由和 iptables 规则。

```
[root@docker2 ~]# ip route add 172.172.0.0/24 via 192.168.51.101 dev eno16777736
[root@docker2 ~]# iptables -P INPUT ACCEPT
[root@docker2 ~]# iptables -P FORWARD ACCEPT
[root@docker2 ~]# iptables -F
[root@docker2 ~]# iptables -L -n
```

在 busybox1 容器中测试与 busybox2 容器的连通性。

```
[root@docker1 ~]# docker exec -it busybox1 /bin/sh
/ # ping -c 4 172.172.1.10
PING 172.172.1.10 (172.172.1.10): 56 data bytes
64 bytes from 172.172.1.10: seq=0 ttl=62 time=1.770 ms
64 bytes from 172.172.1.10: seq=1 ttl=62 time=0.905 ms
64 bytes from 172.172.1.10: seq=2 ttl=62 time=0.894 ms
64 bytes from 172.172.1.10: seq=3 ttl=62 time=0.870 ms

--- 172.172.1.10 ping statistics ---
4 packets transmitted, 4 packets received, 0% packet loss
round-trip min/avg/max = 0.870/1.109/1.770 ms
// busybox1 容器与 busybox2 容器可互相通信
```

2. 定义 Flannel 网络，实现跨主机 Docker 容器的互连

（1）主机配置信息。

各主机配置信息如表 4-3 所示。

表 4-3 各主机配置信息（2）

主机	IP 地址/子网掩码	需安装软件
docker1	192.168.51.101/24	etcd、Flannel、Docker
docker2	192.168.51.103/24	etcd、Flannel、Docker

（2）在 docker1 主机上执行以下配置。

① 将所需的 etcd 和 Flannel 软件包上传到/root 目录。

```
[root@docker1 ~]# ls
anaconda-ks.cfg  etcd-v3.3.9-linux-amd64.tar.gz  flannel-v0.10.0-linux-amd64.tar.gz
```

② 解压 etcd 和 Flannel 软件包。

```
[root@docker1 ~]# mkdir etcd flannel
[root@docker1 ~]# tar -xf flannel-v0.10.0-linux-amd64.tar.gz -C flannel/
[root@docker1 ~]# tar -xf etcd-v3.3.9-linux-amd64.tar.gz -C etcd/
```

③ 将 etcd 和 Flannel 软件包中的以下文件复制到/usr/local/bin 目录中。

```
[root@docker1 ~]# cd flannel
[root@docker1 flannel]# cp flanneld mk-docker-opts.sh /usr/local/bin/
[root@docker1 flannel]# cd /root/etcd/etcd-v3.3.9-linux-amd64
[root@docker1 etcd-v3.3.9-linux-amd64]# cp etcd etcdctl /usr/local/bin/
[root@docker1 etcd-v3.3.9-linux-amd64]# cd
[root@docker1 ~]#
```

④ 安装 etcd，在/usr/lib/systemd/system 目录中创建 etcd.service 文件。

```
[root@docker1 ~]# vi /usr/lib/systemd/system/etcd.service
// 添加如下内容后，保存并退出
[Unit]
Description=Etcd
After=network.target

[Service]
User=root
ExecStart=/usr/local/bin/etcd -name etcd1 \
  -data-dir /var/lib/etcd --advertise-client-urls \
  http://192.168.51.101:2379,http://127.0.0.1:2379 \
  --listen-client-urls http://192.168.51.101:2379,http://127.0.0.1:2379
Restart=on-failure
Type=notify
LimitNOFILE=65536

[Install]
WantedBy=multi-user.targe
```

配置完成后，保存并退出文件，启动 etcd 服务。

```
[root@docker1 ~]# systemctl daemon-reload
[root@docker1 ~]# systemctl start etcd
```

⑤ 安装 Flannel，添加 Flannel 网络配置信息到 etcd 中。

```
# etcdctl --endpoints http://127.0.0.1:2379 set /coreos.com/network/config
'{"Network": "10.0.0.0/16", "SubnetLen": 24, "SubnetMin":
"10.0.1.0","SubnetMax": "10.0.20.0", "Backend": {"Type": "vxlan"}}'
```

各参数说明如下。

a. Network：用于指定 Flannel 地址池。

b. SubnetLen：用于指定分配给单个宿主机的 docker0 的 IP 段的子网掩码的长度。

c. SubnetMin：用于指定最小能够分配的 IP 段。

d. SubnetMax：用于指定最大能够分配的 IP 段，前面的示例表示每个宿主机可以分配一个 24 位掩码长度的子网，可以分配的子网为 10.0.1.0/24～10.0.20.0/24，这就意味着，在这个网段中最多只能有 20 台宿主机。

e. Backend：用于指定数据包的转发方式，默认为 UDP 模式，Host-GW 模式的性能最好，但不能跨宿主机网络转发。

⑥ 在/usr/lib/systemd/system 目录中创建 flanneld.service 文件。

```
[root@docker1 ~]# vi /usr/lib/systemd/system/flanneld.service
//添加如下内容后，保存并退出
[Unit]
Description=Flanneld
Documentation=https://github.com/coreos/flannel
After=network.target
Before=docker.service

[Service]
User=root
ExecStart=/usr/local/bin/flanneld \
--etcd-endpoints=http://192.168.51.101:2379 \
--iface=192.168.51.101 \
--ip-masq=true \
--etcd-prefix=/coreos.com/network
Restart=on-failure
Type=notify
LimitNOFILE=65536


[Install]
WantedBy=multi-user.target
```

配置完成后，启动 Flanneld 服务并查看 Flannel 网卡信息。

```
[root@docker1 ~]# systemctl daemon-reload
[root@docker1 ~]# systemctl start flanneld
```

查看 etcd 中的数据。

```
[root@docker1 ~]# etcdctl ls /coreos.com/network/subnets
/coreos.com/network/subnets/10.0.18.0-24
```

⑦ 查看 docker1 的 Flannel 网卡信息。

```
[root@docker1 ~]# ip address
......
```

```
    4: flannel.1: <BROADCAST,MULTICAST,UP,LOWER_UP> mtu 1450 qdisc noqueue state UNKNOWN
        link/ether 56:c3:20:73:03:b0 brd ff:ff:ff:ff:ff:ff
        inet 10.0.18.0/32 scope global flannel.1
           valid_lft forever preferred_lft forever
        inet6 fe80::54c3:20ff:fe73:3b0/64 scope link
           valid_lft forever preferred_lft forever
    // 此处 Flannel 网卡的信息与 etcd 存储的是一样的
```

⑧ 使用 Flannel 提供的脚本将 subnet.env 转写为 Docker 启动参数,创建好的启动参数默认生成在/run/docker_opts.env 文件中。

```
[root@docker1 ~]# mk-docker-opts.sh
[root@docker1 ~]# cat /run/docker_opts.env
DOCKER_OPT_BIP="--bip=10.0.18.1/24"
DOCKER_OPT_IPMASQ="--ip-masq=false"
DOCKER_OPT_MTU="--mtu=1450"
DOCKER_OPTS=" --bip=10.0.18.1/24 --ip-masq=false --mtu=1450"
```

修改/usr/lib/systemd/system/docker.service 文件。

```
[root@docker1 ~]# vi /usr/lib/systemd/system/docker.service
// 添加以下内容
EnvironmentFile=/run/docker_opts.env
ExecStart=/usr/bin/dockerd $DOCKER_OPTS
```

修改完成后保存并退出文件,重启 Docker 服务。

```
[root@docker1 ~]# systemctl daemon-reload
[root@docker1 ~]# systemctl restart docker
```

⑨ 查看 docker0 的信息。

```
[root@docker1 ~]# ip address
......
    3: docker0: <NO-CARRIER,BROADCAST,MULTICAST,UP> mtu 1500 qdisc noqueue state DOWN
        link/ether 02:42:0c:9b:75:2a brd ff:ff:ff:ff:ff:ff
        inet 10.0.18.1/24 brd 10.0.18.255 scope global docker0
           valid_lft forever preferred_lft forever
    4: flannel.1: <BROADCAST,MULTICAST,UP,LOWER_UP> mtu 1450 qdisc noqueue state UNKNOWN
        link/ether 56:c3:20:73:03:b0 brd ff:ff:ff:ff:ff:ff
        inet 10.0.18.0/32 scope global flannel.1
```

```
       valid_lft forever preferred_lft forever
    inet6 fe80::54c3:20ff:fe73:3b0/64 scope link
       valid_lft forever preferred_lft forever
// docker0 的 IP 地址位于 Flannel 网卡的网段中
```

（3）在 docker2 主机上执行以下配置。

① 将所需的 etcd 和 Flannel 软件包上传到/root 目录中，并查看文件信息。

```
[root@docker1 ~]# ls
anaconda-ks.cfg    etcd-v3.3.9-linux-amd64.tar.gz    flannel-v0.10.0-linux-amd64.tar.gz
```

② 解压 etcd 和 Flannel 软件包。

```
[root@docker2 ~]# mkdir etcd flannel
[root@docker2 ~]# tar -xf flannel-v0.10.0-linux-amd64.tar.gz -C flannel/
[root@docker2 ~]# tar -xf etcd-v3.3.9-linux-amd64.tar.gz -C etcd/
```

③ 将 etcd 和 Flannel 软件包中的以下文件复制到/usr/local/bin 目录中。

```
[root@docker2 ~]# cd flannel
[root@docker2 flannel]# cp flanneld mk-docker-opts.sh /usr/local/bin/
[root@docker2 flannel]# cd /root/etcd/etcd-v3.3.9-linux-amd64
[root@docker2 etcd-v3.3.9-linux-amd64]# cp etcd etcdctl /usr/local/bin/
[root@docker2 etcd-v3.3.9-linux-amd64]# cd
[root@docker2 ~]#
```

④ 安装 etcd，在/usr/lib/systemd/system 目录中创建 etcd.service 文件。

```
[root@docker2 ~]# vi /usr/lib/systemd/system/etcd.service
// 添加如下内容后，保存并退出文件
[Unit]
Description=Etcd
After=network.target

[Service]
User=root
ExecStart=/usr/local/bin/etcd -name etcd1 \
  -data-dir /var/lib/etcd --advertise-client-urls \
  http://192.168.51.101:2379,http://127.0.0.1:2379 \
  --listen-client-urls http://192.168.51.103:2379,http://127.0.0.1:2379
Restart=on-failure
Type=notify
LimitNOFILE=65536
```

```
[Install]
WantedBy=multi-user.targe
```

⑤ 配置完成后，保存并退出文件，启动 etcd 服务。

```
[root@docker2 ~]# systemctl daemon-reload
[root@docker2 ~]# systemctl start etcd
```

⑥ 安装 Flannel，添加 Flannel 网络配置信息到 etcd 中。

```
# etcdctl --endpoints http://192.168.51.101:2379 set /coreos.com/network/config '{"Network": "10.0.0.0/16", "SubnetLen": 24, "SubnetMin": "10.0.1.0","SubnetMax": "10.0.20.0", "Backend": {"Type": "vxlan"}}'
```

⑦ 在 /usr/lib/systemd/system 目录中创建 flanneld.service 文件，内容如下。

```
[root@docker2 flannel]# vi /usr/lib/systemd/system/flanneld.service
[Unit]
Description=Flanneld
Documentation=https://github.com/coreos/flannel
After=network.target
Before=docker.service

[Service]
User=root
ExecStart=/usr/local/bin/flanneld \
--etcd-endpoints=http://192.168.51.101:2379 \
--iface=192.168.51.103 \
--ip-masq=true \
--etcd-prefix=/coreos.com/network
Restart=on-failure
Type=notify
LimitNOFILE=65536


[Install]
WantedBy=multi-user.target
```

保存并退出文件，启动 Flannel 服务。

```
[root@docker2 ~]# systemctl daemon-reload
[root@docker2 ~]# systemctl start flanneld
```

⑧ 在 docker1 主机上查看 etcd 中的数据，并在 docker2 主机上查看 Flannel 网卡的信息。

```
[root@docker2 ~]# etcdctl ls /coreos.com/network/subnets
/coreos.com/network/subnets/10.0.18.0-24
/coreos.com/network/subnets/10.0.12.0-24

[root@docker2 flannel]# ip a
......
4: flannel.1: <BROADCAST,MULTICAST,UP,LOWER_UP> mtu 1450 qdisc noqueue state UNKNOWN group default
    link/ether 4e:0e:c0:d2:1b:38 brd ff:ff:ff:ff:ff:ff
    inet 10.0.12.0/32 scope global flannel.1
       valid_lft forever preferred_lft forever
    inet6 fe80::4c0e:c0ff:fed2:1b38/64 scope link
       valid_lft forever preferred_lft forever
```

⑨ 使用 Flannel 提供的脚本将 subnet.env 转写为 Docker 启动参数，创建好的启动参数默认生成在/run/docker_opts.env 文件中。

```
[root@docker2 ~]# mk-docker-opts.sh
[root@docker2 ~]# cat /run/docker_opts.env
DOCKER_OPT_BIP="--bip=10.0.12.1/24"
DOCKER_OPT_IPMASQ="--ip-masq=false"
DOCKER_OPT_MTU="--mtu=1450"
DOCKER_OPTS=" --bip=10.0.12.1/24 --ip-masq=false --mtu=1450"
```

修改/usr/lib/systemd/system/docker.service 文件。

```
[root@docker2 ~]# vi /usr/lib/systemd/system/docker.service
// 添加以下内容
EnvironmentFile=/run/docker_opts.env
ExecStart=/usr/bin/dockerd $DOCKER_OPTS
```

修改完成后保存并退出文件，重启 Docker 服务。

```
[root@docker1 ~]# systemctl daemon-reload
[root@docker1 ~]# systemctl restart docker
```

⑩ 在 docker2 主机上查看 docker0 的信息。

```
[root@docker2 ~]# ip address
3: docker0: <NO-CARRIER,BROADCAST,MULTICAST,UP> mtu 1500 qdisc noqueue state DOWN group default
    link/ether 02:42:58:44:41:80 brd ff:ff:ff:ff:ff:ff
    inet 10.0.6.1/24 brd 10.0.6.255 scope global docker0
       valid_lft forever preferred_lft forever
```

```
4: flannel.1: <BROADCAST,MULTICAST,UP,LOWER_UP> mtu 1450 qdisc noqueue state UNKNOWN group default
    link/ether 86:eb:f1:73:06:76 brd ff:ff:ff:ff:ff:ff
    inet 10.0.6.0/32 scope global flannel.1
       valid_lft forever preferred_lft forever
    inet6 fe80::84eb:f1ff:fe73:676/64 scope link
       valid_lft forever preferred_lft forever
```

(4) 测试。

① 在 docker1 主机上利用 busybox 镜像生成容器。

```
[root@docker1 ~]# docker run -it busybox
/ # ip address
1: lo: <LOOPBACK,UP,LOWER_UP> mtu 65536 qdisc noqueue
    link/loopback 00:00:00:00:00:00 brd 00:00:00:00:00:00
    inet 127.0.0.1/8 scope host lo
       valid_lft forever preferred_lft forever
5: eth0@if6: <BROADCAST,MULTICAST,UP,LOWER_UP,M-DOWN> mtu 1450 qdisc noqueue
    link/ether 02:42:0a:00:12:02 brd ff:ff:ff:ff:ff:ff
    inet 10.0.18.2/24 brd 10.0.18.255 scope global eth0
       valid_lft forever preferred_lft forever
// docker1 主机上容器的 IP 地址为 10.0.18.2
```

② 在 docker2 主机上利用 busybox 镜像生成容器。

```
[root@docker2 ~]# docker run -it busybox
/ # ip address
1: lo: <LOOPBACK,UP,LOWER_UP> mtu 65536 qdisc noqueue qlen 1000
    link/loopback 00:00:00:00:00:00 brd 00:00:00:00:00:00
    inet 127.0.0.1/8 scope host lo
       valid_lft forever preferred_lft forever
5: eth0@if6: <BROADCAST,MULTICAST,UP,LOWER_UP,M-DOWN> mtu 1450 qdisc noqueue
    link/ether 02:42:0a:00:0c:02 brd ff:ff:ff:ff:ff:ff
    inet 10.0.12.2/24 brd 10.0.12.255 scope global eth0
       valid_lft forever preferred_lft forever
// docker2 主机上容器的 IP 地址为 10.0.12.2
```

③ 在 docker2 主机的容器上，测试与 docker1 主机上容器的连通性。

```
/ # ping -c 4 10.0.18.2
PING 10.0.18.2 (10.0.18.2): 56 data bytes
64 bytes from 10.0.18.2: seq=0 ttl=62 time=1.499 ms
```

```
64 bytes from 10.0.18.2: seq=1 ttl=62 time=1.681 ms
64 bytes from 10.0.18.2: seq=2 ttl=62 time=2.957 ms
64 bytes from 10.0.18.2: seq=3 ttl=62 time=1.886 ms

--- 10.0.18.2 ping statistics ---
4 packets transmitted, 4 packets received, 0% packet loss
round-trip min/avg/max = 1.499/2.005/2.957 ms
//可以看到，两个容器的IP地址可以连通
```

【项目实训】自定义网络实现跨主机容器互连

实训目的

掌握 Docker 自定义网络的配置。

实训内容

要求：在宿主机 1 上建立容器时，为容器分配的网段是 172.172.0.0/24，利用 centos 镜像生成名为 centos1 的容器，容器的 IP 地址为 172.171.0.10；在宿主机 2 上建立容器时，为容器分配的网段是 172.172.1.0/24，利用 centos 镜像生成名为 centos2 的容器，容器的 IP 地址为 172.171.1.10；实现 centos1 和 centos2 容器的互连。

任务 4.2 Docker 数据卷管理

任务要求

工程师小王编写完 Docker 网络操作手册后，因公司员工需求，继续编写 Docker 数据卷管理操作手册。

相关知识

4.2.1 Docker 数据卷

Docker 镜像由多个文件系统（只读）叠加而成。启动一个容器时，Docker 会加载所有的只读层，并在最上层添加一个可写层。当运行中的容器需要修改某个文件时，Docker 不会修改只读层文件，而会将文件从只读层复制到可写层中进行修改。这样，只读层的文件就被隐藏起来。删除容器或重启容器后，之前对文件所做的更改会丢失。为了在使用过程中实现对数据的持久化操作，或者实现在多个容器之间的数据共享，Docker 容器提供了

两种方式对数据管理进行操作。

（1）数据卷（Data Volumes）：通过在容器中创建数据卷，将本地的目录或文件挂载到容器内的数据卷中。

（2）数据卷容器（Data Volumes Containers）：通过使用数据卷容器在容器和主机、容器和容器之间共享数据，实现数据的备份和恢复。

数据卷是一个可供容器使用的特殊目录，它将本地主机目录直接映射到容器，可以很方便地将数据添加到容器中供其中的进程使用，类似于 Linux 中的 mount 操作。多个容器可以共享同一个数据卷。

数据卷具有如下特性。

（1）容器启动时对数据卷进行初始化。

（2）数据卷可以在容器之间共享和重用。

（3）无论是容器内操作还是本地操作，对数据卷内数据的操作都会立即生效。

（4）对数据卷的操作不会影响到镜像。

（5）数据卷的生命周期独立于容器的生命周期，即使删除容器，数据也会一直存在，没有任何容器使用的数据也不会被 Docker 删除。

4.2.2 数据卷容器

如果用户需要在多个容器之间共享一些持久化的数据，则可以使用数据卷容器。数据卷容器是一个容器，专门用于提供数据卷供其他容器挂载。

数据卷容器操作的思想：定制生成一个容器来挂载某个目录，该容器并不需要运行，其他容器可以利用--volumes-from 命令来挂载。可以多次利用--volumes-from 命令从多个容器挂载多个数据卷，也可以从其他挂载了数据卷容器的容器挂载数据卷。

任务实现

1．创建数据卷

在运行容器时，可以使用-v 参数为容器添加数据卷，如果容器中指定的文件夹不存在，则会自动生成文件夹。例如，利用 nginx 镜像创建 nginx1 容器，创建一个随机名称的数据卷，并挂载到容器的/data 目录中，其代码如下。

```
[root@localhost ~]# docker run -dit --name nginx1 -v /data nginx /bin/bash
```

可以利用 docker inspect 命令查看容器挂载情况。

```
[root@localhost ~]# docker inspect -f "{{.Mounts}}" nginx1
[{volume   d5e0ff72edb7bcfcc201144016322ca4ac57386ee343401c2036ee12b7b5cf5e/
var/lib/docker/volumes/d5e0ff72edb7bcfcc201144016322ca4ac57386ee343401c2036ee12b
7b5cf5e/_data /data local  true }]
// 卷名为d5e0ff72edb7bcfcc201144016322ca4ac57386ee343401c2036ee12b7b5cf5e
```

Docker 创建数据卷时,会在宿主机的/var/lib/docker/volumes/目录中创建一个以 volume ID 为名的目录,并将数据卷中的内容存储到/_data 目录中。

也可创建一个指定名称的数据卷,并挂载到容器的/data 目录中。

```
# docker run -dit --name nginx2 -v volumetest:/data nginx /bin/bash
```

利用 docker volume inspect 命令可以获得数据卷在宿主机中的信息。

```
[root@localhost _data]# docker volume inspect volumetest
[
    {
        "CreatedAt": "2019-02-18T14:41:30-05:00",
        "Driver": "local",
        "Labels": null,
        "Mountpoint": "/var/lib/docker/volumes/volumetest/_data",
        "Name": "volumetest",
        "Options": {},
        "Scope": "local"
    }
]
```

以上命令都可将自行创建或者由 Docker 创建的数据卷挂载到容器中。Docker 也允许将宿主机的目录挂载到容器中。

```
# docker run -dit --name busybox2 -v /user/dir:/container/dir busybox /bin/sh
```

上面的命令将宿主机的/user/dir:本地目录挂载到容器的/container/dir 目录中。宿主机的本地目录必须是绝对路径,如果宿主机中不存在该目录,则 Docker 会自动创建该目录。/host/dir 目录中的所有内容都可以在容器的/container/dir 目录中以读写的权限被访问。

```
# docker run -dit --name busybox2 -v /user/dir:/container/dir busybox /bin/sh
9abf775f0d451c42f44d9fc28af9af15cdcd2c31d7975dc370bbb0c70600b88a
[root@localhost ~]# docker exec -it busybox2 /bin/sh        // 进入容器
/ # cd /container/dir/                       // 切换至/container/dir 目录
/container/dir # touch user.txt              // 创建 user.txt 文件
/container/dir # exit                        // 退出容器
# ls /user/dir                               // 切换至宿主机的本地目录
user.txt
```

上面的命令表明,挂载后,容器内的目录内容与宿主机的本地目录内容是一致的。Docker 挂载数据卷的默认权限是读写,也可以使用:ro 指定该数据卷的权限为只读。

```
# docker run -it --name busybox3 -v /user/dir:/container/dir:ro busybox /bin/sh
/ # cd /container/dir/
/container/dir # touch user.txt
```

```
touch: user.txt: Read-only file system
```

由于选择以:ro方式挂载,因此在容器的/container/dir目录中执行写操作会失败。Docker允许在创建新容器时,使用多个-v参数为容器添加多个数据卷。

```
# docker run -it --name busybox4 -v /data1 -v /data2 -v /host/dir:/container/dir busybox /bin/sh
```

2. 共享数据卷

如果要授权一个容器访问另一个容器的数据卷,则可以使用--volumes-from参数。

```
# docker run -it -v /var/volume1 -v /var/volume2 --name first_container centos /bin/sh
// 创建容器first_container,容器包含两个数据卷——/var/volume1和/var/volume2
sh-4.2# echo "this is a volume1">/var/volume1/test1      // 创建test1文件
sh-4.2# echo "this is a volume2">/var/volume2/test2      // 创建test2文件
sh-4.2# exit                // 退出first_container容器,此时容器状态变为"Exited"
# docker run -it --volumes-from first_container --name last_container centos /bin/bash
// 创建last_container容器,并挂载first_container容器中的数据卷
[root@921b5745be7e /]# cat /var/volume1/test1
this is a volume1
[root@921b5745be7e /]# cat /var/volume2/test2
this is a volume2
```

值得注意的是,不管first_container容器是否运行,数据卷都会起作用。只要容器连接数据卷,它就不会被删除。如果一些数据,如配置文件、数据文件等,需要在多个容器之间共享,则可以创建一个数据容器,其他的容器与之共享数据卷。

3. 使用Dockerfile创建数据卷

使用VOLUME指令向容器中添加数据卷的代码如下。

```
VOLUME /data
```

在利用docker build命令生成镜像并以该镜像启动容器时,会挂载一个数据卷到/data中。如果镜像中存在/data目录,则该目录中的内容将全部被复制到宿主机中对应的目录中,宿主机的目录只能是"/var/lib/docker/xxx"等类似的目录,并根据容器中的文件设置合适的权限和所有者。

也可以使用VOLUME指令添加多个数据卷。

```
VOLUME ["/data1","data2"]
```

4. 删除数据卷

利用docker rm删除容器时不会删除与数据卷对应的目录,即不会自动删除在/var/lib/docker/volumes中生成的与volume对应的目录。即使可以手动删除,也会因为不确定这些随机生成的目录名称与被删除的容器是否对应而导致操作复杂。删除容器并同时

删除数据卷有以下 3 种方法。

（1）利用 docker volume rm <volume_name>命令删除数据卷。

（2）利用 docker rm -v <container_name>命令删除容器。

（3）利用 docker run --rm 命令，其中，--rm 参数会在容器停止运行时删除容器及容器所挂载的数据卷。

```
# docker run -dit --name del_container -v /data centos /bin/bash
[root@localhost ~]# docker volume ls        //列出所有数据卷
DRIVER              VOLUME NAME
local               474eba8c573c13ed8d6c5e6d96ec9cedb1ae7c25526c1c92b0d433d1bcb2430a
# docker rm -vf del_container               // 删除 del_container 容器
del_container
# docker volume ls
DRIVER              VOLUME NAME
```

需要注意的是，利用 docker rm -v 和 docker run --rm 命令删除数据卷时，只会对挂载在容器上的未命名的数据卷进行删除，并对用户指定名称的数据卷进行保留；利用 docker volume rm 命令删除数据卷时，只有当没有任何容器使用数据卷时，该数据卷才能被删除。

5．备份、恢复或迁移数据卷

作为数据的载体，可以利用数据卷容器对其中的数据进行备份、恢复，以实现数据的迁移。

（1）备份数据卷。例如，利用 centos 镜像创建 centostest 容器，窗口包含两个数据卷：——/var/volume1 和/var/volume2。

```
[root@docker1 ~ ]# docker run -it -v /var/volume1 -v /var/volume2 --name centosbackup centos /bin/bash
[root@a7b804a5a4a8 /]#
```

在数据卷中添加以下数据。

```
[root@a7b804a5a4a8 /]# echo "volume1" > /var/volume1/volume1.txt
[root@a7b804a5a4a8 /]# echo "volume2" > /var/volume2/volume2.txt
```

利用数据卷容器进行备份，使用--volumes-from 参数创建一个加载 centosbackup 数据卷的容器，从主机挂载当前目录到容器的/backup 目录中，并备份 centosbackup 卷中的数据。

```
[root@docker1 ~ ]#  docker run -it --rm --volumes-from centosbackup -v $(pwd):/backup centos tar cvf /backup/backup.tar /var/volume1 /var/volume2
```

备份完成后，查看备份文件 backup.tar。

```
[root@docker1 ~]# ls
anaconda-ks.cfg  backup.tar
```

删除容器 centosbackup 的/var/volume1 和/var/volume2 目录中的内容，代码如下。

```
[root@a7b804a5a4a8 /]# rm -rvf /var/volume1 /var/volume2
```

```
[root@a7b804a5a4a8 /]# ls /var/volume1
[root@a7b804a5a4a8 /]# ls /var/volume2
```

（2）恢复或迁移数据卷，可以将数据恢复到源容器中。例如，将数据卷数据恢复到 centosbackup 容器中，代码如下。

```
[root@docker1 ~]# docker run --rm --volumes-from centosbackup -v $(pwd):/backup centos tar xvf /backup/backup.tar -C /
```

在容器 centosbackup 中查看恢复的数据。

```
[root@a7b804a5a4a8 /]# cat /var/volume1/volume1.txt
volume1
[root@a7b804a5a4a8 /]# cat /var/volume2/volume2.txt
volume2
// 可以看到数据已经恢复
```

也可以将数据卷数据恢复到新的容器中。例如，新建一个容器 centostest，将备份的数据卷数据恢复到 centostest 容器中，代码如下。

```
[root@docker1 ~ ]# docker run -it -v /var/volume1 -v /var/volume2 --name centostest centos /bin/bash
[root@61bf2df9a8c3 /]# ls /var/volume1
[root@61bf2df9a8c3 /]# ls /var/volume2
[root@docker1 ~]# docker run --rm --volumes-from centostest -v $(pwd):/backup centos tar xvf /backup/backup.tar -C /          // 恢复数据卷数据到 centostest 容器中

[root@61bf2df9a8c3 /]# cat /var/volume1/volume1.txt
volume1
[root@61bf2df9a8c3 /]# cat /var/volume2/volume2.txt
volume2
```

创建容器时，挂载的数据卷路径最好和备份的数据卷路径一致。

如果新建容器挂载的数据卷只是备份数据卷的一部分，那么恢复时只会恢复部分数据卷的数据。

```
[root@docker1 ~]# docker run -it -v /var/volume1 --name centos2 centos /bin/bash
[root@ab2a6b1b3b1b /]# ls /var/volume1/
[root@ab2a6b1b3b1b /]# ls /var/volume2
ls: cannot access /var/volume2: No such file or directory
```

恢复数据卷数据到 centos2 容器中。

```
[root@docker1 ~]# docker run --rm --volumes-from centos2 -v $(pwd):/backup centos tar xvf /backup/backup.tar -C /
```

在 centos2 容器中查看恢复的数据。

```
[root@ab2a6b1b3b1b /]# ls /var/volume1/
volume1.txt
[root@ab2a6b1b3b1b /]# ls /var/volume2
ls: cannot access /var/volume2: No such file or directory
```
当新建容器时挂载的数据卷目录与备份路径不一致时，则抛出警告信息。
```
[root@docker1 ~]# docker run -t -i -v /var/volume3 --name centos3 centos /bin/bash
WARNING: IPv4 forwarding is disabled. Networking will not work.
[root@cf16caf7d24a /]# ls /var/volume3/
[root@cf16caf7d24a /]#
```
当恢复数据卷数据到容器中时，-C 后面的路径必须是容器挂载的路径，否则数据无法恢复。
```
[root@docker1 ~]# docker run --rm --volumes-from centos3 -v $(pwd):/backup centos tar xvf /backup/backup.tar -C /
```
第一次在 centos3 容器中查看恢复的数据。
```
[root@cf16caf7d24a /]# ls /var/volume3/
[root@cf16caf7d24a /]#
```
加上容器挂载的路径。
```
[root@docker1 ~]# docker run --rm --volumes-from centos3 -v $(pwd):/backup centos tar xvf /backup/backup.tar -C /var/volume3
```
第二次在 centos3 容器中查看恢复的数据。
```
[root@cf16caf7d24a /]# ls /var/volume3/var/volume1
volume1.txt
[root@cf16caf7d24a /]# ls /var/volume3/var/volume2
volume2.txt
```

【项目实训】使用数据卷容器

实训目的

（1）掌握数据卷的创建、删除和挂载方法。
（2）掌握数据卷容器的创建、备份和恢复操作。

实训内容

（1）创建一个数据卷，数据卷的名称为 myweb，利用 nginx 镜像创建一个名称为 MyWeb 的容器，并加载数据卷到容器的/myweb 目录中。

（2）在容器 MyWeb 的/myweb 目录中编写 index.html 文件，文件内容为"welcome use nginx"，在宿主机对应目录中查看文件是否存在。

（3）在宿主机上利用 docker inspect 命令查看容器的信息。

（4）实现数据卷的备份。

（5）实现数据卷的恢复。

（6）实现数据卷的删除。

PROJECT 5 项目 5
Docker 编排工具

Docker 平台及周边生态系统提供了很多工具来管理容器的生命周期。容器编排工具将生命周期管理能力扩展到可在集群上部署复杂的、多容器的工作负载。本项目通过两个任务介绍了 Compose 编排工具和 Swarm 编排工具的使用方法。

知识目标

- 了解容器编排的管理方法。
- 了解容器编排的基本使用方法。
- 了解容器集群的管理方法。
- 了解容器集群的基本使用方法。

能力目标

- 掌握 Compose 编排工具的使用方法。
- 掌握 Swarm 编排工具的使用方法。

任务 5.1 Compose 编排工具的使用

任务要求

工程师小王在对 Docker 技术进行学习后,发现当有大量 Docker 容器需要手动部署时效率较低,通过查阅相关资料,小王发现可利用 Compose 工具来更高效地部署容器,于是公司安排小王编写 Compose 工具的安装及使用手册,以供公司相关技术人员学习,并在公司内部推广该技术。

相关知识

5.1.1 Compose 工具

通过前面项目的学习可以知道,在使用 Docker 的时候,可以通过定义 Dockerfile 文件，并利用 docker build、docker run 等命令操作容器。然而，微服务架构的应用系统通常包括若干个微服务，每个微服务又会部署多个实例，如果每个微服务都要手动启停，则会带来效率低、维护量大的问题。而使用 Compose 工具可以轻松、高效地管理容器。

Compose 是 Docker 官方的开源项目，定位是"定义和运行多个 Docker 容器应用的工具"，其前身是 Fig，负责实现对 Docker 容器集群的快速编排。Compose 通过 YMAL 配置文件来创建和运行所有服务。

在 Docker 中构建自定义镜像是通过使用 Dockerfile 模板文件来实现的，从而使用户方便地定义一个单独的应用容器。而 Compose 使用的模板文件是一个 YAML 格式文件，它允许用户通过一个 docker-compose.yml 模板文件来定义一组相关联的应用容器为一个项目。

Compose 项目使用 Python 语言编写而成，调用了 Docker 服务提供的 API 来对容器进行管理。因此，只要所操作的平台支持 Docker API，就可以在其上利用 Compose 工具来进行编排管理。

Compose 有以下两个重要概念。

（1）服务（Service）：一个应用的容器，实际上可以包括若干运行相同镜像的容器实例。每个服务都有自己的名称、使用的镜像、挂载的数据卷、所属的网络、依赖的服务等。

（2）项目（Project）：由一组关联的应用容器组成的一个完整业务单元，在 docker-compose.yml 中定义，即 Compose 的一个配置文件可以解析为一个项目，Compose 通过分析指定配置文件，得出配置文件所需完成的所有容器管理与部署操作。

Compose 的默认管理对象是项目，通过子命令对项目中的一组容器进行便捷的生命周期管理。

5.1.2 Compose 的常用命令

Compose 的常用命令常跟在 docker-compose 主命令后面。docker-compose 主命令的格式如下。

```
docker-compose [-f <arg>...] [options] [COMMAND] [ARGS...]
```

其常用选项说明如下。

（1）-f：指定 Compose 配置文件，默认为 docker-compose.yml。

（2）-p：指定项目名称，默认为目录名。

（3）--verbose：显示更多的输出。

Compose 的常用命令介绍如下。

1．列出容器

ps 命令用于列出所有运行的容器，其命令格式如下。

```
ps [options] [SERVICE...]
```

其常用选项说明如下。

-q：只显示 ID。

例如，列出所有运行容器的代码如下。

```
docker-compose ps
```

2．查看服务日志输出

logs 命令用于查看服务日志输出，其命令格式如下。

```
logs [options] [SERVICE...]
```

其常用选项说明如下。

（1）-f, --follow：实时输出日志。

（2）-t, --timestamps：显示时间戳。

（3）--tail="all"：从日志末尾显示行。

例如，查看 nginx 的实时日志的代码如下。

```
docker-compose logs -f nginx
```

3．输出绑定的公共端口

port 命令用于输出绑定的公共端口，其命令格式如下。

```
port [options] SERVICE PRIVATE_PORT
```

其常用选项说明如下。

（1）--protocol=proto：TCP 或 UDP，默认为 TCP。

（2）--index=index：多个容器时的索引数字，默认为 1。

例如，输出 eureka 服务 8761 端口所绑定的公共端口，其代码如下。

```
docker-compose port eureka 8761
```

4．重新构建服务

build 命令用于构建或重新构建服务，其命令格式如下。

```
build [options] [--build-arg key=val...] [SERVICE...]
```

其常用选项说明如下。

（1）--no-cache：不使用缓存构建镜像。

（2）--build-arg key=val：设置构建时变量。

例如，构建镜像的代码如下。

```
docker-compose build
```

5．启动服务

start 命令用于启动指定服务已存在的容器，其命令格式如下。

```
start [SERVICE...]
```

例如，启动 nginx 容器的代码如下。

```
docker-compose start nginx
```

6．停止服务

stop 命令用于停止已运行服务的容器，其命令格式如下。

```
stop [SERVICE...]
```

例如，停止 nginx 容器的代码如下。

```
docker-compose stop nginx
```

7．删除已停止服务的容器

rm 命令用于删除指定服务的容器，其命令格式如下。

```
rm [options] [SERVICE...]
```

其常用选项说明如下。

（1）-f, --force：强制删除。

（2）-s, --stop：删除容器时需要先停止容器。

（3）-v：删除与容器相关的任何匿名卷。

例如，删除已停止的 nginx 容器的代码如下。

```
docker-compose rm nginx
```

8．创建和启动容器

up 命令用于创建和启动容器，其命令格式如下。

```
up [options] [--scale SERVICE=NUM...] [SERVICE...]
```

其常用选项说明如下。

（1）-d：在后台运行容器。

（2）-t：指定超时时间。

（3）-no-deps：不启动连接服务。

（4）--no-recreate：如果容器存在，则不重建容器。

（5）--no-build：不构建镜像，即使其会丢失。

（6）--build：启动容器并构建镜像。

（7）--scale SERVICE=NUM：指定一个服务（容器）的启动数量。

例如，创建并启动 nginx 容器的代码如下。

```
docker-compose up -d nginx
```

9．在运行的容器中执行命令

exec 命令用于在支持的容器中执行命令，其命令格式如下。

```
exec [options] SERVICE COMMAND [ARGS...]
```

其常用选项说明如下。

（1）-d：在后台运行命令。

（2）--privileged：给这个进程赋予特殊权限。

（3）-u, --user USER：作为该用户运行该命令。

（4）-T：禁用分配伪终端，默认分配一个终端。

（5）--index=index：多个容器时的索引数字，默认 1。

例如，登录到 nginx 容器中的代码如下。

```
docker-compose exec nginx bash
```

10. 指定一个服务启动容器的个数

scale 命令用于指定服务启动容器的个数，其命令格式如下。

```
scale [options] [SERVICE=NUM...]
```

例如，设置指定服务运行容器的个数，以 service=num 的形式指定。

```
docker-compose scale user=3 movie=3
```

11. 其他管理命令

（1）restart 命令用于重启服务。

（2）kill 命令通过发送 SIGKILL 信号来停止指定服务的容器。

（3）pause 命令用于挂起容器。

（4）image 命令用于列出本地 Docker 的镜像。

（5）down 命令用于停止容器和删除容器、网络、数据卷及镜像。

（6）create 命令用于创建一个服务。

（7）pull 命令用于下载镜像。

（8）push 命令用于推送镜像。

（9）help 命令用于查看帮助信息。

5.1.3 docker-compose.yml 文件

docker-compose.yml 文件包含 version、services、networks 三部分，其中，services 和 networks 是关键部分。常见的 services 书写规则如下。

1. image 标签

image 标签用于指定基础镜像。

```
services:
  web:
    image:nginx
```

在 services 标签下的 web 为第二级标签，标签名可由用户自定义，它也是服务名称。

image 可以指定服务的镜像名称或镜像 ID，如果镜像在本地不存在，则 Compose 会尝试获取这个镜像。

2. build 标签

build 标签用于指定 Dockerfile 所在文件夹的路径。该值可以是一个路径，也可以是一个对象。Compose 会利用它自动构建镜像，并使用构建的镜像启动容器。

```
build: /path/to/build/dir
```

也可以使用相对路径，即

```
build: ./dir
```

还可以设置上下文根目录，并以该目录指定 Dockerfile。

```
build:
  context: ../
  dockerfile: path/of/Dockerfile
```

可指定 arg 标签，与 Dockerfile 中的 ARG 指令一样，arg 标签可以在构建过程中指定环境变量，并在构建成功后取消。

```
build:
    context: ./dir
    dockerfile: Dockerfile
    args:
        buildno: 1
```

3. command 标签

command 标签用于覆盖容器启动后默认执行的命令。

```
command: bundle exec thin -p 3000
```

也可以写为类似 Dockerfile 中的格式，例如：

```
command: [bundle, exec, thin, -p, 3000]
```

4. dns 标签

dns 标签用于配置 DNS 服务器，其可以是一个具体值。

```
dns: 114.114.114.114
```

也可以是一个列表。

```
dns:
    - 114.114.114.114
    - 115.115.115.115
```

还可以配置 DNS 搜索域，其可以是一个值或列表。

```
dns_search: example.com
dns_search:
    - dc1.example.com
    - dc2.example.com
```

5. environment 标签

environment 标签用于设置镜像变量，与 arg 标签不同的是，arg 标签设置的变量仅用于构建过程中，而 environment 标签设置的变量会一直保存在镜像和容器中。

```
environment:
    RACK_ENV: development
    SHOW: 'true'
    SESSION_SECRET:
```

或者

```
environment:
    - RACK_ENV=development
    - SHOW=true
    - SESSION_SECRET
```

6. env_file 标签

env_file 标签用于设置从 env 文件中获取的环境变量,可以指定一个文件路径或路径列表,其优先级低于 environment 指定的环境变量,即当其设置的变量名称与 environment 标签设置的变量名称冲突时,以 environment 标签设置的变量名称为主。

```
env_file: .env
```

可以根据 docker-compose.yml 设置路径列表。

```
env_file:
  - ./common.env
  - ./apps/web.env
  - /opt/secrets.env
```

7. expose 标签

expose 标签用于设置暴露端口,只将端口暴露给连接的服务,而不暴露给主机。

```
expose:
  - "8000"
  - "8010"
```

8. port 标签

port 标签用于对外暴露端口定义,使用 host:container 格式,或者只指定容器的端口号,宿主机会随机映射端口。

```
ports:
  - "3000"
  - "8763:8763"
  - "8763:8763"
```

注意:当使用 host:container 格式来映射端口时,如果使用的容器端口号小于 60,则可能会得到错误的结果,因为 YAML 会将<xx:yy>格式的数字解析为 60 进制,所以建议使用字符串格式。

9. network_mode 标签

network_mode 标签用于设置网络模式。

```
network_mode: "bridge"
network_mode: "host"
network_mode: "none"
network_mode: "service:[service name]"
network_mode: "container:[container name/id]"
```

10. depends_on 标签

depends_on 标签用于指定容器服务的启动顺序。

```
version: '2'
services:
```

```
web:
  build: .
  depends_on:
    - db
    - redis
redis:
  image: redis
db:
  image: postgres
```

这里，容器会先启动 Redis 和 DB 两个服务，再启动 Web 服务。

11. links 标签

links 标签用于指定容器连接到当前连接，可以设置别名。

```
links:
  - db
  - db:database
  - redis
```

12. volumes 标签

volumes 标签用于指定卷挂载路径，可以挂载一个目录或者一个已存在的数据卷容器。可以直接使用"host:container"格式，或者使用"host:container:ro"格式，对于容器来说，后者的数据卷是只读的，这样可以有效保护宿主机的文件系统。

```
volumes:
  // 只是指定一个路径，Docker 会自动创建一个数据卷（该路径是容器内部的）
  - /var/lib/mysql

  // 使用绝对路径挂载数据卷
  - /opt/data:/var/lib/mysql

  // 以 Compose 配置文件为中心的相对路径作为数据卷挂载到容器
  - ./cache:/tmp/cache

  // 使用用户的相对路径（~/ 表示的目录是 /home/<用户目录>/ 或者 /root/）
  - ~/configs:/etc/configs/:ro

  // 已经存在的命名的数据卷
  - datavolume:/var/lib/mysql
```

如果不使用宿主机的路径，则可以指定一个 volume_driver。

```
volume_driver: mydriver
```

13. volumes_from 标签

volumes_from 标签用于设置从其他容器或服务挂载数据卷，可选的参数是:ro 或者:rw，前者表示容器只读，后者表示容器对数据卷是可读可写的，默认情况下是可读可写的。

```
volumes_from:
  - service_name
  - service_name:ro
  - container:container_name
  - container:container_name:rw
```

14. logs 标签

logs 标签用于设置日志输出信息。

```
logging:
  driver: syslog
  options:
    syslog-address: "tcp://192.168.0.42:123"
```

任务实现

1. Compose 工具的安装与卸载

（1）安装 Compose 工具。

① 在 GitHub 上下载 Compose 二进制文件，下载完成后，将二进制文件复制到执行路径中。

```
# curl -L\
https://github.com/docker/compose/releases/download/1.23.2/docker-compose-`uname -s`-`uname -m` -o /usr/bin/docker-compose
  % Total    % Received % Xferd  Average Speed   Time    Time     Time  Current
                                 Dload  Upload   Total   Spent    Left  Speed
100   617    0   617    0     0    259      0 --:--:--  0:00:02 --:--:--   259
100 11.2M  100 11.2M    0     0   9664      0  0:20:15  0:20:15 --:--:-- 16777
[root@localhost ~]# mv /usr/bin/docker-compose /usr/local/bin/docker-compose
```

② 添加可执行的权限。

```
[root@localhost ~]# chmod +x /usr/local/bin/docker-compose
```

③ 测试安装结果。

```
[root@localhost ~]# docker-compose --version
docker-compose version 1.23.2, build 1110ad01
```

（2）通过 pip 安装 Compose 工具。

因为 Compose 是使用 Python 语言编写的，所以可以将其当作一个 Python 应用从 pip 源中进行安装。

① 检查 Linux 中有没有安装 python-pip 包。

```
[root@localhost ~]# pip -V
-bash: pip: command not found          // 表明没有安装 python-pip 包
```

② 没有 python-pip 包时需执行如下命令。

```
[root@localhost opt]# yum -y install epel-release
Loaded plugins: fastestmirror
Loading mirror speeds from cached hostfile
......
Dependency Installed:
  python-backports.x86_64 0:1.0-8.el7
  python-backports-ssl_match_hostname.noarch 0:3.5.0.1-1.el7
  python-ipaddress.noarch 0:1.0.16-2.el7
  python-setuptools.noarch 0:0.9.8-7.el7

Complete!
```

③ 安装 python2-pip。

```
[root@localhost ~]# yum -y install python2-pip
```

④ 安装好以后更新 pip 工具。

```
[root@localhost opt]# pip install --upgrade pip
Collecting pip
  Downloading https://files.pythonhosted.org/packages/5c/e0/be401c003291b56efc55aeba6a80ab790d3d4cece2778288d65323009420/pip-19.1.1-py2.py3-none-any.whl (1.4MB)
     100% |████████████████████████████████| 1.4MB 10KB/s
Installing collected packages: pip
  Found existing installation: pip 8.1.2
    Uninstalling pip-8.1.2:
      Successfully uninstalled pip-8.1.2
Successfully installed pip-19.1.1
```

⑤ 安装 Compose 工具。

```
[root@localhost ~]# pip install docker-compose
Collecting docker-compose
  Downloading https://files.pythonhosted.org/packages/dd/e6/
```

```
1521d1dfd9c0da1d1863b18e592d91c3df222e55f258b9876fa1e59bc4b5/docker_compose-1.24
.1-py2.py3-none-any.whl (134KB)
    |████████████████████████████████| 143KB 175KB/s
  Collecting docker[ssh]<4.0,>=3.7.0 (from docker-compose)
    Downloading https://files.pythonhosted.org/packages/09/da/
7cc7ecdcd01145e9924a8ccbe9c1baf3a362fc75d4cb150676eb5231ea60/docker-3.7.3-py2.py
3-none-any.whl (134KB)
    |████████████████████████████████| 143KB 530KB/s
  Requirement already satisfied: backports.ssl-match-hostname>=3.5; python_
version < "3.5" in /usr/lib/python2.7/site-packages (from docker-compose) (3.5.0.1)
  Collecting requests!=2.11.0,!=2.12.2,!=2.18.0,<2.21,>=2.6.1 (from docker-
compose)
    Downloading https://files.pythonhosted.org/packages/ff/17/
5cbb026005115301a8fb2f9b0e3e8d32313142fe8b617070e7baad20554f/requests-2.20.1-py2
.py3-none-any.whl (57KB)
    |████████████████████████████████| 61KB 5.0MB/s
  Collecting six<2,>=1.3.0 (from docker-compose)
    Downloading https://files.pythonhosted.org/packages/73/fb/
00a976f728d0d1fecfe898238ce23f502a721c0ac0ecfedb80e0d88c64e9/six-1.12.0-py2.py3-
none-any.whl
  Collecting PyYAML<4.3,>=3.10 (from docker-compose)
    Downloading https://files.pythonhosted.org/packages/9e/a3/
1d13970c3f36777c583f136c136f804d70f500168edc1edea6daa7200769/PyYAML-3.13.tar.gz
(270KB)
    |████████████████████████████████| 276KB 518KB/s
……
```

⑥ 测试安装结果。

```
[root@localhost ~]# docker-compose --version
docker-compose version 1.24.1, build 4667896
```

（3）卸载 Compose 工具。

如果是以二进制包方式安装的，则删除二进制文件即可删除 Compose 工具。

```
[root@localhost ~] rm /usr/local/bin/docker-compose
```

如果是通过 pip 工具安装的，则可执行如下命令删除 Compose 工具。

```
[root@localhost ~] pip uninstall docker-compose
```

2. Compose 应用案例

本案例应用 Compose 编排服务搭建博客系统，用户可通过 nginx 来访问博客系统。

（1）获取案例所需的镜像。

```
[root@localhost /]# docker pull ghost:1-alpine
[root@localhost /]# docker pull mysql:5.7.15
[root@localhost /]# docker pull nginx:latest
```

（2）创建 ghost 目录，在 ghost 目录中创建 data、ghost、nginx 三个子目录。

```
[root@localhost ~]# mkdir /ghost
[root@localhost ~]# cd /ghost
[root@localhost ghost]# mkdir {data,ghost,nginx}
```

（3）切换到 ghost 目录的 ghost 子目录，编写 Dockerfile 文件。

```
[root@localhost ghost]# cd ghost
[root@localhost ghost]# vi Dockerfile
FROM ghost:1-alpine
COPY ./config.js /var/lib/ghost/config.js
EXPOSE 2368
#CMD ["npm", "start","--production"]
```

创建 config.js 文件，用于 ghost 的配置。

```
[root@localhost ghost]# vi config.js
var path = require('path'),
    config;

config = {

        production: {
                url: 'http://my-ghost-blog.com',
                mail: {},
                database: {
                        client: 'mysql',
                        connection: {
                                host: 'db',
                                user: 'ghost',
                                password: '12345',
                                database: 'ghost',
                                port: '3306',
                                charset: 'utf8'
                        },
                        debug: false
```

```
                },
                paths: {
                        contentPath: path.join(process.env.GHOST_CONTENT, '/')
                },
                server: {
                        host: '0.0.0.0',
                        port: '2368'
                },
        }
}
// Export config
module.exports = config;
```

(4)切换到 ghost 目录的 nginx 子目录,编写 Dockerfile 文件。

```
[root@localhost ghost]# cd ../nginx
[root@localhost nginx]# vi Dockerfile
FROM nginx
COPY nginx.conf /etc/nginx/nginx.conf
EXPOSE 80
```

配置 nginx 的配置文件 nginx.conf。

```
[root@localhost nginx]# vi nginx.conf
worker_processes 4;
events {worker_connections 1024;}
http {
        server {
                listen 80;
                location / {
                        proxy_pass http://ghost-app:2368;
                }
        }
}
```

(5)返回到 ghost 目录,编辑 docker-compose.yml 文件。

```
[root@localhost nginx]# cd ..
[root@localhost ghost]# vi docker-compose.yml
version: '3'
networks:
        blog:
```

```
services:
    ghost-app:
        build: ghost
        restart: always
        networks:
            - blog
        depends_on:
            - db
        ports:
            - "2368:2368"
    nginx:
        build: nginx
        networks:
            - blog
        depends_on:
            - ghost-app
        ports:
            - "80:80"
    db:
        image: "mysql:5.7.15"
        networks:
            - blog
        environment:
            MYSQL_ROOT_PASSWORD: mysqlroot
            MYSQL_USER: ghost
            MYSQL_PASSWORD: 12345
        volumes:
            - $PWD/data:/var/lib/mysql
        ports:
            - "3306:3306"
```

（6）利用 docker-compose up -d 命令创建并运行服务，利用 docker-compose ps 命令查看创建的服务。

```
[root@localhost ghost]# docker-compose up -d
Building ghost-app
Step 1/3 : FROM ghost:1-alpine
 ---> 0a776b9b8e0c
```

```
Step 2/3 : COPY ./config.js /var/lib/ghost/config.js
 ---> 0674b610225b
Step 3/3 : EXPOSE 2368
 ---> Running in 730b1aaa0fa8
Removing intermediate container 730b1aaa0fa8
 ---> 6b830f3e659c
Successfully built 6b830f3e659c
Successfully tagged ghost_ghost-app:latest
WARNING: Image for service ghost-app was built because it did not already exist. To rebuild this image you must use `docker-compose build` or `docker-compose up --build`.
Building nginx
Step 1/3 : FROM nginx
 ---> 4733136e5c3c
Step 2/3 : COPY nginx.conf /etc/nginx/nginx.conf
 ---> 30ff5c33fe25
Step 3/3 : EXPOSE 80
 ---> Running in 50e54b9370e7
Removing intermediate container 50e54b9370e7
 ---> 3e545e7096b8
Successfully built 3e545e7096b8
Successfully tagged ghost_nginx:latest
WARNING: Image for service nginx was built because it did not already exist. To rebuild this image you must use `docker-compose build` or `docker-compose up --build`.
Creating ghost_db_1       ... done
Creating ghost_ghost-app_1 ... done
Creating ghost_nginx_1     ... done
[root@localhost ghost]#
[root@localhost ghost]# docker-compose ps          //查看已创建的服务
      Name                    Command               State              Ports
---------------------------------------------------------------------------------------
ghost_db_1          docker-entrypoint.sh mysqld      Up      0.0.0.0:3306->3306/tcp
ghost_ghost-app_1   docker-entrypoint.sh node ..     Up      0.0.0.0:2368->2368/tcp
ghost_nginx_1       nginx -g daemon off;             Up      0.0.0.0:80->80/tcp
[root@localhost ghost]#
```

（7）验证效果，如图 5-1 所示。

图 5-1　验证效果

【项目实训】多容器搭建 WordPress 博客系统

实训目的

（1）掌握 Compose 工具的安装方法。
（2）掌握 Compose 工具的使用方法。

实训内容

（1）在 CentOS 7 操作系统中安装 Compose 工具。
（2）验证 Compose 工具是否正确安装。
（3）使用 WordPress 搭建一个博客系统。
（4）测试博客系统。

任务 5.2　Swarm 编排工具的使用

任务要求

工程师小王在对 Docker 技术进行学习后发现，当有大量 Docker 容器需要跨主机部署时，Swarm 工具能够更高效地完成部署工作，于是公司安排小王编写 Swarm 工具的安装及使用手册，以供公司相关技术人员学习，并在公司内部推广该技术。

相关知识

5.2.1　Swarm 工具

Swarm 是 Docker 公司在 2014 年 12 月初发布的一套用于管理 Docker 集群的较为简单的工具，由于 Swarm 使用标准的 Docker API 作为其前端访问入口，所以各种形式的 Docker Client（Docker Client in Go、docker_py、Docker 等）均可以直接与 Swarm 通信。旧版本的 Docker Swarm 使用独立的外部 KV 存储（如 Consul、etcd、ZooKeeper），搭建了独立运行的 Docker 主机集群，用户可以像操作单台 Docker 主机一样操作整个集群，Docker Swarm 可将多台 Docker 主机当作一台 Docker 主机来管理。新的 Swarm Mode 是在 Docker 1.12 中被集成到 Docker 引擎中的，引入了服务的概念，提供了众多的新特性，如具有容错能力的去中心化设计、内置服务发现、负载均衡、路由网格、动态伸缩、滚动更新、安全传输等功能。

Swarm 和 Kubernetes 比较类似，但是更加轻量，具有的功能比 Kubernetes 少一些。

5.2.2　Swarm 架构

Swarm 作为一个管理 Docker 集群的工具使用时，需要先对其进行部署，可以单独将 Swarm 部署于一个节点。另外，Swarm 需要一个 Docker 集群，集群上每一个节点均安装有 Docker。具体的 Swarm 架构如图 5-2 所示。

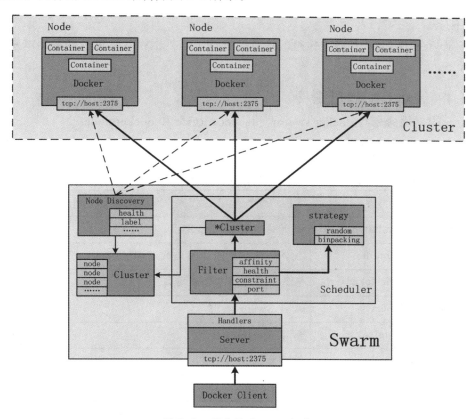

图 5-2　具体的 Swarm 架构

Swarm 架构中最主要的处理部分是 Swarm 节点，Swarm 管理的对象是 Docker Cluster，Docker Cluster 由多个 Docker Node 组成，而负责给 Swarm 发送请求的是 Docker Client。

5.2.3 Swarm 相关概念

1．Swarm

集群的管理和编排使用了嵌入到 Docker 引擎中的 SwarmKit，可以在 Docker 初始化时启动 Swarm 模式或者加入已存在的 Swarm。

2．节点

Node 是加入 Swarm 集群中的一个 Docker 引擎实体，可以在一台物理机上运行多个 Node，Node 可以分为管理节点（manager 节点）和工作节点（worker 节点）两类。

当一个节点作为 Swarm 的 Docker 引擎实体，部署应用到集群中时，会提交服务到管理节点，管理节点调度任务到工作节点，管理节点还要执行维护集群状态的编排和集群管理的功能，工作节点接收并执行来自管理节点的任务。通常，管理节点也可以是工作节点，工作节点会报告当前状态给管理节点。

3．服务

服务是在工作节点上执行任务的定义，在工作节点上执行，创建服务时，需要指定容器镜像。

4．任务

任务是指在 Docker 容器中执行的命令，管理节点根据指定数量的任务副本来分配任务给工作节点。

5.2.4 Swarm 常用命令

Swarm 的常用命令有 docker swarm、docker service 和 docker node。

docker swarm 命令用于管理 Swarm 集群，docker swarm 常用命令如表 5-1 所示。

表 5-1 docker swarm 常用命令

命令	描述
docker swarm init	初始化一个 Swarm 集群
docker swarm join	加入集群作为工作节点或管理节点
docker swarm join-token	管理用于加入集群的令牌
docker swarm leave	离开 Swarm 集群
docker swarm unlock	解锁 Swarm 集群
docker swarm unlock-key	管理解锁钥匙
docker swam update	更新 Swarm 集群

docker service 命令用于管理服务，docker service 常用命令如表 5-2 所示。

表 5-2 docker service 常用命令

命令	描述
docker service create	创建服务
docker service inspect	显示一个或多个服务的详细信息
docker service logs	获取服务的日志
docker service ls	列出服务
docker service rm	删除一个或多个服务
docker service scale	设置服务的实例数量
docker service update	更新服务
docker service rollback	恢复服务到更新之前的配置

docker node 命令用于管理 Swarm 集群中的节点，docker node 常用命令如表 5-3 所示。

表 5-3 docker node 常用命令

命令	描述
docker node demote	从 Swarm 集群管理器中降级一个或多个节点
docker node inspect	显示一个或多个节点的详细信息
docker node ls	列出 Swarm 集群中的节点
docker node promote	将一个或多个节点加入集群管理器中
docker node ps	列出一个或多个在节点上运行的任务，默认为当前节点
docker node rm	从 Swarm 集群中删除一个或多个节点
docker node update	更新一个节点

任务实现

（1）配置集群环境。

需要 3 台主机，各主机节点环境要求如表 5-4 所示。

表 5-4 各主机节点环境要求

主机名	IP 地址	角色
master	192.168.51.101/24	管理节点
node1	192.168.51.102/24	工作节点
node2	192.168.51.103/24	工作节点

（2）修改各主机的主机名。

```
// 修改 IP 地址为 192.168.51.101 主机的主机名为 master
[root@localhost ~]# hostnamectl set-hostname master
// 修改 IP 地址为 192.168.51.102 主机的主机名为 node1
```

```
[root@localhost ~]# hostnamectl set-hostname node1
```
// 修改 IP 地址为 192.168.51.103 主机的主机名为 node2
```
[root@localhost ~]# hostnamectl set-hostname node2
```

主机名修改完成后，在各主机上进行时钟同步，时钟同步服务器可自行配置，此处选择阿里云的时钟服务器。

```
[root@master ~]# ntpdate ntp1.aliyun.com
[root@node1 ~]# ntpdate ntp1.aliyun.com
[root@node2 ~]# ntpdate ntp1.aliyun.com
```

说明：时间同步返回值越小越好。

（3）在 master、node1 和 node2 主机上均需正确安装 Docker，版本选择 18.03.0，并配置镜像加速器。

在各主机上查看 Docker 的版本信息，本书以 master 主机为例。

```
[root@registry ~]# docker version
Client:
 Version:      18.03.0-ce        // Docker 版本为 18.03.0
 API version:  1.37
 Go version:   go1.9.4
 Git commit:   0520e24
 Built: Wed Mar 21 23:09:15 2018
 OS/Arch:      linux/amd64
 Experimental: false
 Orchestrator: swarm

Server:
 Engine:
  Version:      18.03.0-ce       // Docker 版本为 18.03.0
  API version:  1.37 (minimum version 1.12)
  Go version:   go1.9.4
  Git commit:   0520e24
  Built:        Wed Mar 21 23:13:03 2018
  OS/Arch:      linux/amd64
  Experimental: false
```

查看镜像加速器的配置信息。

```
[root@registry ~]# cat /etc/docker/daemon.json
{
  "registry-mirrors": ["https://ne5g8js0.mirror.aliyuncs.com"]
```

```
                              //配置阿里云镜像加速器
}
```

编辑 docker.service 文件，修改如下参数信息，并重启 Docker 服务。

```
[root@master ~]# vi /lib/systemd/system/docker.service
ExecStart=/usr/bin/dockerd -H tcp://0.0.0.0:2375 -H unix:///var/run/docker.sock
[root@master ~]# systemctl daemon-reload
[root@master ~]# systemctl restart docker
[root@master ~]# systemctl status docker
```

如出现"active (running)"提示，则表示 Docker 服务已经成功运行。可通过 netstat 命令查看启动的端口信息，应看到 2375 端口的信息，该端口为默认的 DockerHTTPAPI 的端口。

```
[root@master ~]# netstat -tunlp
```

注意：如果是一个集群，则集群中所有相关的主机都要启动 2375 端口的 Docker 服务。

（4）在各主机节点上获取 swarm 镜像。

```
[root@master ~]# docker pull swarm
[root@node1 ~]# docker pull swarm
[root@node2 ~]# docker pull swarm
```

（5）创建集群。

在 master 节点上初始化集群，并获取唯一的 token，作为集群的唯一标识。

```
[root@master ~]# docker swarm init --advertise-addr 192.168.51.101
Swarm initialized: current node (jtz2x39g6rjmlcdm1115au1tb) is now a manager.
To add a worker to this swarm, run the following command:
    docker swarm join --token SWMTKN-1-
5i1995a97xk8ei9oq8xqpyunr8bzcyivj6sebeplu0e7nd175w-bunj045ctmds610xrzc4gvvkz
192.168.51.101:2377

To add a manager to this swarm, run 'docker swarm join-token manager' and follow the instructions.
```

命令执行后，master 节点自动加入 Swarm 集群中，并会创建一个集群 token，获取全球唯一的 token，作为集群的唯一标识。后续可利用获取的 token 值将其他节点加入集群。

--advertise-addr 参数表示其他 Swarm 中的工作节点使用此 IP 地址与 manager 节点联系。命令的输出内容中包含了其他节点加入集群的命令。

（6）将 node1 和 node2 加入集群，在 node1 和 node2 节点上执行以下命令。

```
[root@node1 ~]# docker swarm join --token SWMTKN-1-
5i1995a97xk8ei9oq8xqpyunr8bzcyivj6sebeplu0e7nd175w-bunj045ctmds610xrzc4gvvkz
192.168.51.101:2377
```

```
This node joined a swarm as a worker.
```

```
[root@node2 ~]# docker swarm join --token SWMTKN-1-
5i1995a97xk8ei9oq8xqpyunr8bzcyivj6sebeplu0e7nd175w-bunj045ctmds610xrzc4gvvkz
192.168.51.101:2377
```

```
This node joined a swarm as a worker.
```

（7）查看集群中各节点的信息。

```
[root@master ~]# docker node ls
ID                          HOSTNAME    STATUS   AVAILABILITY   MANAGER STATUS
jtz2x39g6rjmlcdm1115au1tb * master      Ready    Active         Leader
1yb2xt4y9jtu305e0g819lr4v   node2       Ready    Active
men0u668h163c1sd2kz48j4br   node1       Ready    Active
```

（8）在 Swarm 中部署服务，本任务以部署 nginx 服务为例进行介绍。

① 在各主机节点中下载 nginx 镜像。

```
[root@master ~]# docker pull nginx
[root@node1 ~]# docker pull nginx
[root@node2 ~]# docker pull nginx
```

② 在 master 节点中创建一个网络 "nginx_net"，用于使不同的主机上的容器网络互通。

```
[root@master ~]# docker network create -d overlay nginx_net
8br3kdqyi6kno48m9xdgi7wch
[root@master ~]# docker network ls
NETWORK ID          NAME                DRIVER         SCOPE
926ff50b9f89        bridge              bridge         local
f8caf2023a7f        docker_gwbridge     bridge         local
f7368fda9b67        host                host           local
5ch25bm0p1ki        ingress             overlay        swarm
8br3kdqyi6kn        nginx_net           overlay        swarm
eeed0dab7d51        none                null           local
```

③ 在 master 节点上创建一个副本数为 1 的 nginx 容器。

```
[root@master ~]# docker service create --replicas 1 --network nginx_net --name
my-test -p 9999:80 nginx
[root@master ~]# docker service ls
ID              NAME      MODE         REPLICAS   IMAGE           PORTS
ny7qocm74loh    my-test   replicated   1/1        nginx:latest    *:9999->80/tcp
[root@master ~]# docker service inspect --pretty my-test      //查看服务信息
ID:             ny7qocm74lohke5oa0u162r03
```

```
Name:           my-test
Service Mode:   Replicated
 Replicas:      1
Placement:
UpdateConfig:
 Parallelism:   1
 On failure:    pause
 Monitoring Period: 5s
 Max failure ratio: 0
 Update order:      stop-first
RollbackConfig:
 Parallelism:   1
 On failure:    pause
 Monitoring Period: 5s
 Max failure ratio: 0
 Rollback order:    stop-first
ContainerSpec:
 Image:         nginx:latest@sha256:
48cbeee0cb0a3b5e885e36222f969e0a2f41819a68e07aeb6631ca7cb356fed1
 Resources:
Networks: nginx_net
Endpoint Mode: vip
Ports:
 PublishedPort = 9999
  Protocol = tcp
  TargetPort = 80
  PublishMode = ingress
```

或利用 docker service inspect my-test 命令查看更详细的信息。

利用 docker service ps 命令查询在哪个节点运行 my-test 容器。

```
[root@master ~]# docker service ps my-test
ID            NAME       IMAGE         NODE    DESIRED STATE  CURRENT STATE       ERROR  PORTS
tg7qsx6d4nu1  my-test.1  nginx:latest  master  Running        Running 4 minutes ago
```

可以看到 my-test 容器是在 master 节点上运行的。

④ 伸缩容器。将 my-test 容器扩展到 5 个，在 manager 节点上执行以下命令。

```
[root@master ~]# docker service scale my-test=5
```

```
my-test scaled to 5
[root@master ~]# docker service ps my-test
ID              NAME         IMAGE         NODE     DESIRED STATE  CURRENT STATE        ......
tg7qsx6d4nu1    my-test.1    nginx:latest  master   Running        Running 6 minutes ago
g3v81fozv2gd    my-test.2    nginx:latest  node2    Running        Running 9 seconds ago
8htqr6jzmyi9    my-test.3    nginx:latest  node2    Running        Running 8 seconds ago
vs73z4ujdkix    my-test.4    nginx:latest  master   Running        Running 14 seconds ago
r81a1nnm4u74    my-test.5    nginx:latest  node1    Running        Running 14 seconds ago
```

和创建服务一样，在增加 scale 数量之后，将会创建新的容器。执行命令前，my-test 容器只在 master 节点上有一个实例，而现在又增加了 4 个实例。此时，5 个副本的 my-test 容器分别运行在 master、node1 和 node2 三个节点上。

Swarm 也可以缩容，如将 my-test 容器缩容为 1 个的代码如下。

```
[root@master ~]# docker service scale my-test=1
```

将 my-test 容器缩容为 1 个后，利用 docker service ps my-test 命令进行查看，可发现其他节点上的 my-test 容器的状态变为 "Shutdown"。

（9）节点宕机处理。

如果一个节点出现了宕机情况，则该节点会从 Swarm 集群中被移出，利用 docker node ls 命令进行查看，此时，在宕机节点上运行的容器会被调度到其他节点上，以满足指定数量的副本保持运行状态。

例如，在 node2 上把 Docker 服务关闭，或者关机重启后，在 manager 节点上查看 Swarm 集群中各节点的状态。

```
[root@node2 ~]# systemctl stop docker
[root@master ~]# docker node ls
ID                          HOSTNAME   STATUS   AVAILABILITY   MANAGER STATUS
ik8bmlmkynkjfqhek9b35r6yn * master     Ready    Active         Leader
j0afk51lcd92jogd7xa3xniux   node2      Down     Active
l0bw0ro88s2mh2li3wyfh8vlk   node1      Ready    Active
```

此时 node2 节点状态为 down，node2 节点上的容器被调度到其他节点上。

```
[root@master ~]# docker service ps my-test
ID             NAME           IMAGE         NODE    DESIRED STATE  CURRENT STATE           ERROR PORTS
tg7qsx6d4nu1   my-test.1      nginx:latest  master  Running        Running 37 minutes ago
5j5exna3fmwp   my-test.2      nginx:latest  node1   Running        Running 7 minutes ago
g3v81fozv2gd    \_ my-test.2  nginx:latest  node2   Shutdown       Running 7 minutes ago
r2yojxpv4ywm   my-test.3      nginx:latest  node1   Running        Running 7 minutes ago
8htqr6jzmyi9    \_ my-test.3  nginx:latest  node2   Shutdown       Running 7 minutes ago
vs73z4ujdkix   my-test.4      nginx:latest  master  Running        Running 31 minutes ago
```

```
r8lalnnm4u74   my-test.5    nginx:latest  node1    Running      Running 31 minutes ago
```

说明：当 node2 节点重新启动 Docker 服务后，node2 节点原有的容器不会自动调度到 node2 节点上，只能等到其他节点出现故障或手动终止容器后，再根据内部算法重新转移 task 实例到其他节点上。

（10）在 Swarm 中使用数据卷。

① 在各主机节点上创建数据卷，数据卷名称为 volume-test。

```
[root@master ~]# docker volume create --name volume-test
volume-test
[root@master ~]# docker volume ls
DRIVER              VOLUME NAME
local               volume-test
[root@master ~]# docker volume inspect volume-test          //查看卷信息
[
    {
        "Driver": "local",
        "Labels": {},
        "Mountpoint": "/var/lib/docker/volumes/volume-test/_data",
        "Name": "volume-test",
        "Options": {},
        "Scope": "local"
    }
]
[root@node1 ~]# docker volume create --name volume-test
volume-test
[root@node1 ~]# docker volume ls
DRIVER              VOLUME NAME
local               volume-test
[root@node1 ~]# docker volume inspect volume-test
[
    {
        "Driver": "local",
        "Labels": {},
        "Mountpoint": "/var/lib/docker/volumes/volume-test/_data",
        "Name": "volume-test",
        "Options": {},
        "Scope": "local"
```

```
        }
]
[root@node2 opt]# docker volume create --name volume-test
volume-test
[root@node2 opt]# docker volume ls
DRIVER              VOLUME NAME
local               volume-test
[root@node2 opt]# docker volume inspect volume-test
[
    {
        "Driver": "local",
        "Labels": {},
        "Mountpoint": "/var/lib/docker/volumes/volume-test/_data",
        "Name": "volume-test",
        "Options": {},
        "Scope": "local"
    }
]
```

② 在各主机节点的/var/lib/docker/volumes/volume-test/_data 目录中新增 index.html 文件。由于该任务建立的是本地卷，即在各主机节点上建立数据卷目录（如果采用网络存储，则可以直接挂载到_date 目录中），因此新增 index.html 文件时只需操作一次。

```
[root@master ~]# cd /var/lib/docker/volumes/volume-test/_data
[root@master _data]# echo "This is nginx-test in master" >index.html
[root@node1 ~]# cd /var/lib/docker/volumes/volume-test/_data
[root@node1 _data]# echo "This is nginx-test in node1" > index.html
[root@node2 opt]# cd /var/lib/docker/volumes/volume-test/_data
[root@node2 _data]# echo "This is nginx-test in node2" > index.html
```

③ 创建一个副本数为 3 的容器 swarm-nginx，挂载 volume-test 到容器的/usr/share/nginx/html 目录中，并映射端口。

```
[root@master ~]# docker service create --replicas 3 --mount type=volume,
src=volume-test,dst=/usr/share/nginx/html --name swarm-nginx -p 8001:80 nginx
[root@master ~]# docker service ps swarm-nginx
ID              NAME            IMAGE           NODE    DESIRED STATE   CURRENT STATE......
zanbuibjpenu    swarm-nginx.1   nginx:latest    node2   Running         Running 2 minutes ago
qpcwjwturo8h    swarm-nginx.2   nginx:latest    node1   Running         Running 2 minutes ago
odsl1l9dybhg    swarm-nginx.3   nginx:latest    master  Running         Running 2 minutes ago
```

④ 验证效果。

```
[root@master ~]# for i in {1..10}; do curl 192.168.1.101:8001;done
This is nginx-test in node1
This is nginx-test in master
This is nginx-test in node2
This is nginx-test in node1
This is nginx-test in master
This is nginx-test in node2
This is nginx-test in node1
This is nginx-test in master
This is nginx-test in node2
This is nginx-test in node1
```

可以看到，此时 Swarm 的负载均衡功能已经启用。

【项目实训】使用 Swarm 集群和自动编排功能

实训目的

（1）掌握 Docker Swarm 在 CentOS 7 操作系统中的安装方法。
（2）掌握 Swarm 集群的在线和离线创建方法。
（3）掌握 Swarm 集群的自动编排方法。

实训内容

（1）在 CentOS 7 操作系统中安装 Swarm 工具。
（2）在线创建 Swarm 集群并自动编排。
（3）离线创建 Swarm 集群并自动编排。

PROJECT 6 项目 6 自动化部署

　　Rancher 是一个开源的企业级容器管理平台，可以通过极简的操作和完善的功能，在企业的生产环境中轻松地应用容器技术。Jenkins 是一款基于 Java 开发的持续集成工具，能够和其他工具进行整合，以将产品持续交付和发布到不同的系统及环境中。本项目通过两个任务介绍 Rancher 容器管理平台的安装与使用，以及 Jenkins 持续集成工具的使用。

知识目标

- 了解 Rancher 容器管理平台的功能组件。
- 了解 Jenkins 持续集成工具。

能力目标

- 掌握 Rancher 容器管理平台的安装方法。
- 掌握 Rancher 容器管理平台的使用。
- 掌握 Jenkins 持续集成工具的使用。

任务 6.1　Rancher 概述

任务要求

　　随着 Docker 技术的应用普及，越来越多的容器云平台通过 Docker 及 Kubernetes 等技术提供应用运行平台，以能够快速地部署应用。工程师小王通过调研发现，Rancher 作为一个开源的企业级容器管理平台，让用户不必使用一系列的开源软件从头搭建容器服务平台，可以极大地简化部署过程。公司安排小王编写 Rancher 容器管理平台的操作手册，以供公司相关技术人员学习。

相关知识

6.1.1　Rancher 平台

Rancher 是一个开源的企业级容器管理平台，它可以帮助企业在生产环境中轻松快捷地部署和管理容器，也可轻松管理各种环境的 Kubernetes，并提供对 DevOps 的支持。

Rancher 目前已经具备全栈化一键部署应用、多种编排调度工具、多租户、多种基础架构的能力，包括网络服务、存储服务、主机管理、负载均衡、服务发现和资源管理等，可以管理 DigitalOcean、AWS、OpenStack 等云主机，自动创建 Docker 运行环境，实现跨云管理。

Rancher 可以通过 Web 界面或命令行方式进行操作。

6.1.2　Rancher 的组成

Rancher 主要由基础设施编排、容器编排与调度、应用商店和企业级权限管理 4 个部分组成，其主要组件和功能如图 6-1 所示。

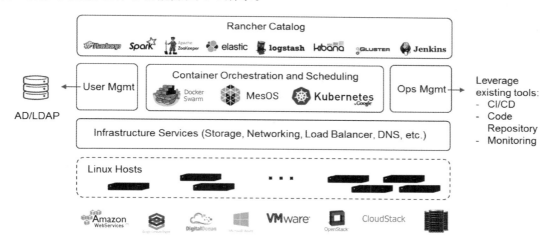

图 6-1　Rancher 的主要组件和功能

1．基础设施编排

Rancher 的基础设施服务可通过容器进行部署，也可运行在 Linux 主机上，Linux 主机可以是虚拟机，也可以是物理机。基础设施服务包括网络服务、存储服务、负载均衡、DNS 服务和安全模块。

2．容器编排与调度

Rancher 是一个容器集群的编排工具，默认通过整合 Cattle、Swarm、Kubernetes、MesOS 等容器编排集群服务。

3．应用商店

Rancher 的用户可以利用"应用商店"来部署各种应用，并可以在应用有新版本时实现自动升级。"应用商店"包括官方的应用服务和社区库，都采用 Git 库的方式存储在 GitHub 中。

4. 企业级权限管理

Rancher 支持多种授权管理方式,支持环境级别的基于角色的访问控制,可以通过角色来配置某个用户/用户组对开发环境或生产环境的访问权限。

任务实现

1. Rancher 单容器部署和应用

(1) 安装基础环境。

① 利用 SecureFX 工具将所需的软件包上传到 /opt 目录中,并利用 ls 命令进行查看。

```
[root@localhost ~]# ls /opt
docker-ce-18.03.0.ce-1.el7.centos.x86_64.rpm
```

② 安装 Docker,并配置镜像加速器。

```
[root@localhost ~]# yum -y install /opt/docker-ce-18.03.0.ce-1.el7.centos.x86_64.rpm
[root@localhost ~]# systemctl start docker
[root@localhost ~]# systemctl enable docker
```

编辑 daemon.json 文件,配置镜像加速器。

```
[root@master ~]# vi /etc/docker/daemon.json
// 添加如下内容
{
  "registry-mirrors": ["http://f1361db2.m.daocloud.io"]
}
```

daemon.json 文件编辑完成后,重启 Docker 服务。

```
[root@localhost ~]# systemctl restart docker
[root@localhost ~]# docker version
Client:
 Version:      18.03.0-ce
 API version:  1.37
 Go version:   go1.9.4
 Git commit:   0520e24
 Built: Wed Mar 21 23:09:15 2018
 OS/Arch:      linux/amd64
 Experimental: false
 Orchestrator: swarm

Server:
```

```
Engine:
  Version:        18.03.0-ce
  API version:    1.37 (minimum version 1.12)
  Go version:     go1.9.4
  Git commit:     0520e24
  Built:          Wed Mar 21 23:13:03 2018
  OS/Arch:        linux/amd64
  Experimental:   false
```

（2）搭建 Rancher。

① 安装 Rancher。获取 Rancher 镜像，版本为 stable，利用 Rancher 镜像生成 Rancher 容器。

```
# docker pull rancher/server:stable
# docker run -d --restart=unless-stopped -p 8000:8080 rancher/server:stable
```

说明：Rancher Server 当前版本中有以下 2 个标签。

a. rancher/server:latest：此标签是最新一次开发的构建版本，这些构建已经被 CI 框架自动验证测试，但这些 release 并不代表可以在生产环境中部署。

b. rancher/server:stable：此标签是最新的一个稳定的 release 构建，是推荐在生产环境中使用的版本。

容器生成并启动后，打开浏览器，在地址栏中输入访问地址"http://192.168.51.100:8000"，进入 Rancher 主界面（英文版本），如图 6-2 所示。

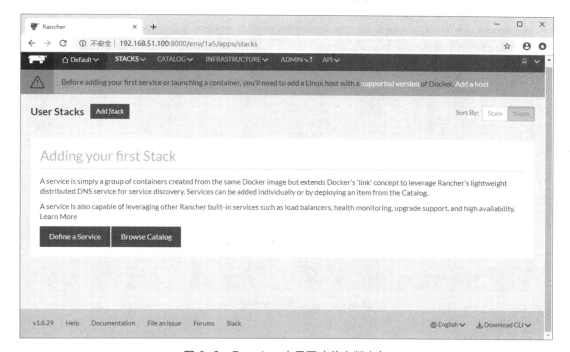

图 6-2　Rancher 主界面（英文版本）

打开 Rancher 主界面右下角的"English"下拉列表,将当前界面的语言切换为简体中文。切换完成后,进入图 6-3 所示的主界面。

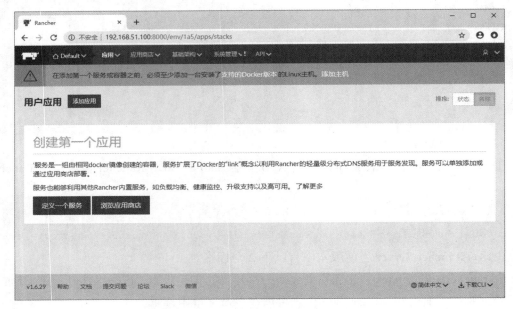

图 6-3　Rancher 主界面(简体中文版本)

② 设置权限管理。默认情况下登录 Rancher 不需要任何用户名和密码,但是为了提高安全性,需要开启权限管理功能。如图 6-4 所示,选择"系统管理"→"访问控制"选项。

图 6-4　选择"访问控制"选项

设置本地验证功能,设置登录用户名为"admin",密码和确认密码的内容要一致,如图 6-5 所示。

图 6-5 设置本地验证功能

设置完成后,单击"启用本地验证"按钮,启用设置。设置完成后,重新启动浏览器,输入 Rancher 的访问地址,进入 Rancher 登录界面,如图 6-6 所示,输入正确的用户名和密码即可登录到主界面。

图 6-6 Rancher 登录界面

③ 添加主机。在 Rancher 主界面中单击"添加主机"按钮,进入添加主机界面,如图 6-7 所示。

完成相关设置,单击"保存"按钮后,在进入的界面中复制主机注册 Rancher 脚本,如图 6-8 所示。

在主机上运行复制的脚本。

```
[root@localhost ~]# sudo docker run --rm --privileged -v /var/run/docker.sock:/
var/run/docker.sock -v /var/lib/rancher:/var/lib/rancher rancher/agent:v1.2.11
http://192.168.51.100:8000/v1/scripts/7DEA78408603E8EE6952:1577750400000:
5qbnWCCbrqGRbSP9umTYH4sf4OM
```

图 6-7 添加主机界面

图 6-8 复制主机注册 Rancher 脚本

成功添加主机后，进入主机状态界面，如图 6-9 所示。

图 6-9 主机状态界面

（3）添加服务和应用。

① 在"Default 环境设置"窗口中选择"添加服务"链接，在打开的图 6-10 所示的窗口中设置各项参数值，参数设置完成后单击窗口底部的"创建"按钮创建服务。如图 6-11 所示，服务创建成功，可在浏览器中输入"http://192.168.51.100"进行测试。

图 6-10　添加基础镜像

图 6-11　mynginx 服务运行界面

② 也可通过应用商店添加应用，单击"从应用商店添加"按钮，进入应用商店界面，选择添加"Alfresco"应用，如图 6-12 所示。

在配置选择时可根据需要修改相关配置参数信息，如用户名、密码、访问端口，修改访问端口时需要注意不要产生端口冲突问题。Alfresco 应用设置界面如图 6-13 所示。

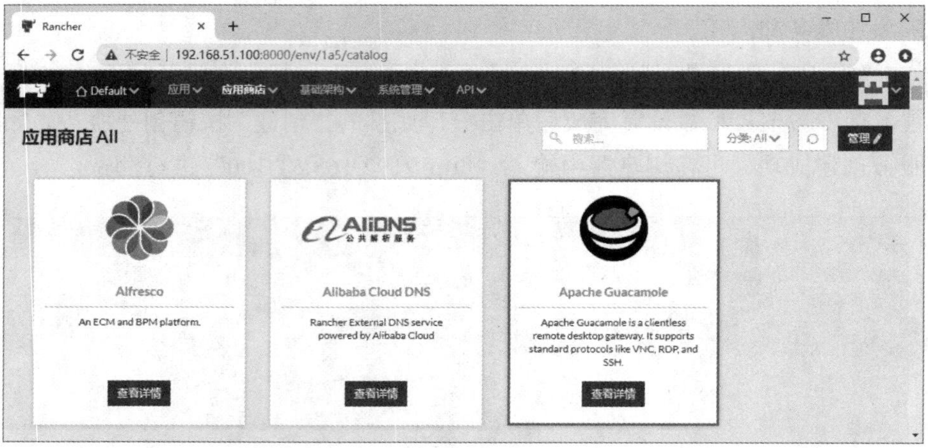

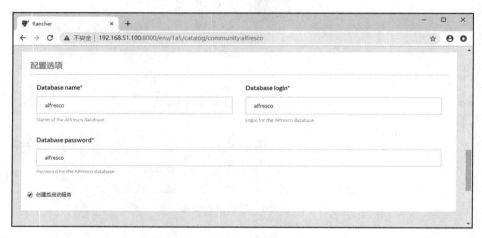

图 6-12　应用商店界面

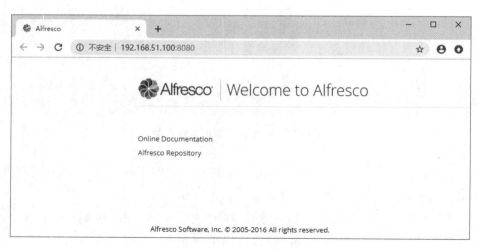

图 6-13　Alfresco 应用设置界面

单击"启动"按钮即可完成应用的部署，应用部署成功后，进入 Alfresco 应用主界面，如图 6-14 所示。

图 6-14　Alfresco 应用主界面

2. 利用 Rancher 搭建 Swarm 集群

（1）Swarm 集群环境要求。

需要 3 台主机，各主机节点环境要求如表 6-1 所示。

表 6-1 各主机节点环境要求

主机名	IP 地址/子网掩码	角色
master	192.168.51.100 / 255.255.255.0	管理节点
node1	192.168.51.102 / 255.255.255.0	工作节点
node2	192.168.51.103 / 255.255.255.0	工作节点

（2）搭建 Swarm 集群。

① 在 master 主机上获取 Rancher 镜像，利用 Rancher 镜像生成 Rancher 容器。

```
[root@master ~]# docker pull rancher/server:stable
[root@master ~]# docker run -d --restart=unless-stopped -p 8000:8080 rancher/server:stable
```

容器生成并启动后，打开浏览器，在地址栏中输入访问地址"http://192.168.51.100:8000"，在进入的界面中选择"Default"→"环境管理"选项，进入环境设置界面，如图 6-15 所示。

图 6-15 环境设置界面

② 创建一个环境模板，将模板名设置为 myswarm，如图 6-16 所示。

单击"编辑设置"按钮，在进入的界面中修改模板设置，此处将 manager 修改为 1 个，单击"设置"按钮保存设置。

图 6-16 创建环境模板

③ 单击"添加环境"按钮,进入添加环境设置界面,设置环境名称为"swarm-demo",环境模板选用已创建的 myswarm 模板,如图 6-17 所示。设置完成后,单击"创建"按钮即可。

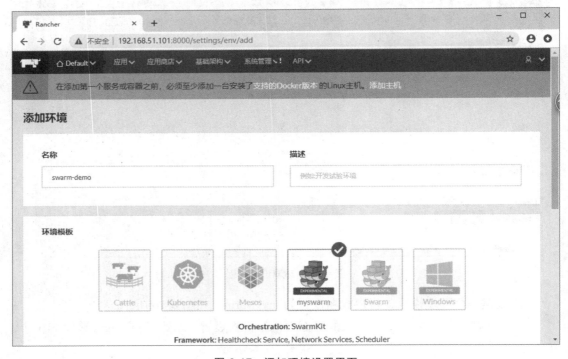

图 6-17 添加环境设置界面

④ 选择界面左上角已创建的"swarm-demo"选项，由于没有添加主机，所以环境一直处于初始化状态，如图 6-18 所示。单击"添加主机"按钮，进入添加主机设置界面。

图 6-18　初始化状态

在添加主机设置界面单击"保存"按钮，复制主机注册脚本后，在各主机上运行脚本。Swarm 集群创建成功后，可查看主机信息，如图 6-19 所示，可以看到有一个主节点和两个从节点。

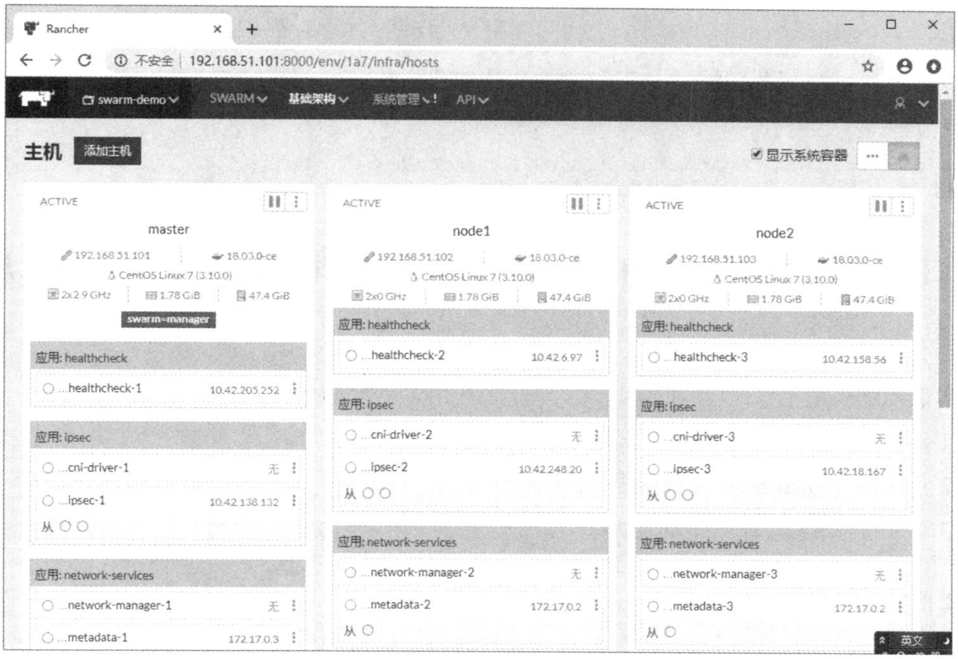

图 6-19　查看主机信息

可在 Swarm CLI 中运行相应命令行，如图 6-20 所示。

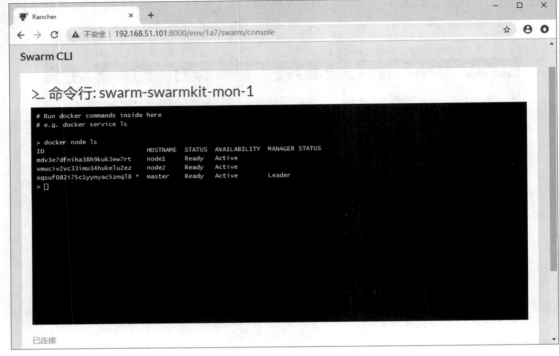

图 6-20　运行相应命令行

可在 master 主机上执行以下命令。

```
[root@master ~]# docker node ls
ID                            HOSTNAME  STATUS  AVAILABILITY  MANAGER STATUS
xqsuf082i75c1yynyac5znql8 *   master    Ready   Active        Leader
mdv3e7dfniha38h9kuk3ew7rt     node2     Ready   Active
vmuciv2vc33imu34hukelu2ez     node1     Ready   Active
```

【项目实训】使用 Rancher 管理平台部署 WordPress 应用

实训目的

（1）掌握 Rancher 管理平台的安装方法。
（2）掌握 WordPress 应用服务的部署和应用。
（3）掌握负载均衡功能的应用。

实训内容

（1）在 CentOS 7 操作系统中利用 Rancher 镜像部署 Rancher 管理平台。

（2）在 Rancher 管理平台上部署 2 个 WordPress 应用服务。
（3）实现 WordPress 应用服务的负载均衡。

任务 6.2　持续集成

任务要求

随着公司开发业务的扩展，传统的开发模式引发的问题越来越明显。工程师小王通过调研发现，在目前软件开发流程中，持续集成作为开发流程中最主要的组成部分，可以在产品快速迭代的同时保持高质量。其中，Jenkins 是一款应用较为广泛的持续集成开发工具。公司安排小王编写 Jenkins 持续集成开发工具的使用手册，供公司相关技术人员学习，以提高应用从开发到部署的效率。

相关知识

6.2.1　持续集成概述

近年来，随着软件开发复杂度的不断提高，传统的瀑布式开发流程存在着明显的不足。首先，用户的需求可能会随时间而变化，但是开发人员仍会在设计前完成需求分析，在编写代码前完成设计，在这个流程中有大量工作被浪费了；其次，测试和集成一般延迟到项目开发结束时才执行，这就导致问题往往发现得太晚，如果要解决问题，则有可能导致错过最后的交付期限。瀑布式开发流程既无法控制业务需求的变更，又抑制了反馈的周期阈值，随之而来的可能是延期和失败。因此，团队开发成员间如何更好地协同工作以确保软件开发的质量，已经慢慢成为开发过程中不可回避的问题，而如何在不断变化的需求中快速适应和保证软件的质量也显得尤其重要。

持续集成正是针对这一类问题的一种软件开发实践。它鼓励团队开发成员经常集成其工作，甚至每天都可能发生多次集成。而每次的集成都是通过自动化的构建来验证的，包括自动编译、发布和测试，从而尽快地发现集成错误，使团队能够更快地开发内聚的软件。

总之，持续集成指在开发阶段对项目进行持续性自动化编译、测试，以达到控制代码质量的效果。

6.2.2　持续集成的优点

持续集成是指软件开发流程中一系列的最佳实践，其对单元测试较为依赖，测试覆盖率越高，单元测试越准确，越能体现持续集成的效果，因此，持续集成能提高交付效率和交付软件的质量，其主要优点如下。

（1）将重复性的手工流程自动化，工程师可更多地关注设计、需求分析、风险预防等方面。

（2）持续集成可通过多种方式触发持续自动化测试。

（3）以持续集成→持续交付→DevOps→基于容器的服务→提高自动化程度来提高效率。

6.2.3 持续集成系统的组成

一个完整的持续集成系统必须包括以下几项。

（1）一个自动构建过程，包括自动编译、分发、部署和测试等。

（2）一个代码存储库，即需要版本控制软件来保障代码的可维护性，同时，其为构建过程的素材库。

（3）一个持续集成服务器。任务中介绍的 Jenkins 就是一个配置简单且使用方便的持续集成服务器。

6.2.4 持续集成常用工具

持续集成的常用工具如下。

（1）AnthillPro：商业的构建管理服务器，提供 C 功能。

（2）Bamboo：商业的持续集成服务器，对于开源项目免费。

（3）Build Forge：多功能商业构建管理工具，特点是性能高、分布式构建。

（4）Cruise Control：基于 Java 实现的持续集成构建工具。

（5）CruiseControl.NET：基于 C#实现的持续集成构建工具。

（6）Jenkins：基于 Java 实现的开源持续集成构建工具，是目前最流行、知名度最高的持续集成工具。

（7）Lunt Build：开源的自动化构建工具。

（8）Para Build：商业的自动化软件构建管理服务器。

任务实现

基于 Git+Jenkins+Maven+Docker 实现 Web 项目自动部署的步骤如下。

1．安装基础环境

（1）利用 SecureFX 工具将所需的软件包上传到/opt 目录中，并利用 ll 命令进行查看。

```
[root@localhost ~]# ll /opt
total 300780
-rw-r--r-- 1 root root   8842660 Aug 25 22:57 apache-maven-3.5.4-bin.tar.gz
-rw-r--r-- 1 root root  10301260 Aug 20 05:41 apache-tomcat-8.5.43.zip
-rw-r--r-- 1 root root  36243572 Jun  8 2018 docker-ce-18.03.0.ce-1.el7.centos.x86_64.rpm
-rw-r--r-- 1 root root 189815615 Aug 20 04:04 jdk-8u162-linux-x64.tar.gz
```

```
-rw-r--r-- 1 root root  77379386 Aug 27 05:41 jenkins.war
```

（2）安装 Docker，并配置镜像加速器。

```
[root@localhost ~]# yum -y install docker-ce-18.03.0.ce-1.el7.centos.x86_64.rpm
[root@localhost ~]# systemctl start docker
[root@localhost ~]# systemctl enable docker
```

编辑 daemon.json 文件，配置镜像加速器。

```
[root@localhost ~]# vi /etc/docker/daemon.json
// 添加如下内容
{
   "registry-mirrors": ["https://ne5g8js0.mirror.aliyuncs.com"]
}
```

daemon.json 文件编辑完成后，重启 Docker 服务。

```
[root@localhost ~]# systemctl restart docker
[root@localhost ~]# docker version
Client:
 Version:      18.03.0-ce
 API version:  1.37
 Go version:   go1.9.4
 Git commit:   0520e24
 Built: Wed Mar 21 23:09:15 2018
 OS/Arch:      linux/amd64
 Experimental: false
 Orchestrator: swarm


Server:
 Engine:
  Version:      18.03.0-ce
  API version:  1.37 (minimum version 1.12)
  Go version:   go1.9.4
  Git commit:   0520e24
  Built:        Wed Mar 21 23:13:03 2018
  OS/Arch:      linux/amd64
  Experimental: false
```

2．安装 JDK+Maven

（1）安装 JDK。

```
[root@localhost ~]# cd /opt
```

```
[root@localhost opt]# tar zxvf jdk-8u162-linux-x64.tar.gz
[root@localhost opt]# mkdir /usr/local/jdk
[root@localhost opt]# mv jdk1.8.0_162 /usr/local/jdk/jdk1.8.0_162
```

编辑/etc/profile 文件，添加环境变量。

```
[root@localhost opt]# vi /etc/profile
// 在文件末尾添加如下环境变量
export JAVA_HOME=/usr/local/jdk/jdk1.8.0_162
export CLASSPATH=$:CLASSPATH:$JAVA_HOME/lib/
export PATH=$PATH:$JAVA_HOME/bin
```

保存并退出文件，重启系统以使环境变量生效，或利用 source /etc/profile 命令使配置生效。

```
[root@localhost opt]# source /etc/profile
[root@localhost opt]# java -version           // 查看 Java 的版本
java version "1.8.0_162"
Java(TM) SE Runtime Environment (build 1.8.0_162-b12)
Java HotSpot(TM) 64-Bit Server VM (build 25.162-b12, mixed mode)
```

（2）安装 Maven。

```
[root@localhost opt]# tar zxf apache-maven-3.5.4-bin.tar.gz
[root@localhost opt]# mv apache-maven-3.5.4 /usr/local/maven3
```

编辑/etc/profile 文件，添加环境变量。

```
[root@localhost opt]# vi /etc/profile
// 在文件末尾添加如下环境变量
export M2_HOME=/usr/local/maven3
export PATH=$PATH:$JAVA_HOME/bin:$M2_HOME/bin
```

保存并退出文件，重启系统以使环境变量生效，或利用 source /etc/profile 命令使配置生效。

```
[root@localhost opt]# source /etc/profile
[root@localhost opt]# mvn -v
Apache Maven 3.5.4 (1edded0938998edf8bf061f1ceb3cfdeccf443fe; 2018-06-17T14:
33:14-04:00)
Maven home: /usr/local/maven3
Java version: 1.8.0_162, vendor: Oracle Corporation, runtime: /usr/local/
jdk/jdk1.8.0_162/jre
Default locale: en_US, platform encoding: UTF-8
OS name: "linux", version: " 3.10.0-327.el7.x86_64 ", arch: "amd64", family: "unix"
// Maven 的版本为 Maven 3.5.4
```

3. 配置 GitHub

（1）获取 gogs 和 mysql 镜像。

```
[root@localhost opt]# docker pull gogs/gogs:latest      //获取 gogs 镜像
[root@localhost opt]# docker pull mysql:latest          //获取 mysql 镜像
```

（2）利用获取的镜像创建容器。

利用 gogs/gogs:latest 镜像创建容器名为 mygogs 的容器。

```
[root@localhost opt]# docker run -d -p 3000:3000 --name mygogs gogs/gogs:latest
```

利用 mysql:latest 镜像创建容器名为 mygogs-mysql 的容器。容器创建完成后，添加 gogs 数据库。

```
[root@localhost opt]# docker run -d -p 13306:3306 -e MYSQL_ROOT_PASSWORD=000000 --name mygogs-mysql mysql:latest
[root@localhost opt]# docker exec -it mygogs-mysql /bin/bash
root@01370d705e5c:/# mysql -uroot -p000000
……

mysql> create database gogs;         //建立 gogs 数据库
Query OK, 1 row affected (0.00 sec)

mysql> show databases;               //查看数据库
+--------------------+
| Database           |
+--------------------+
| gogs               |
| information_schema |
| mysql              |
| performance_schema |
| sys                |
+--------------------+
5 rows in set (0.01 sec)

mysql> exit
Bye
root@01370d705e5c:/# exit
exit
```

（3）配置 Gogs 服务。

打开浏览器，在地址栏中输入"192.168.51.100:3000"，进行首次运行安装程序的设置，如图 6-21 和图 6-22 所示。

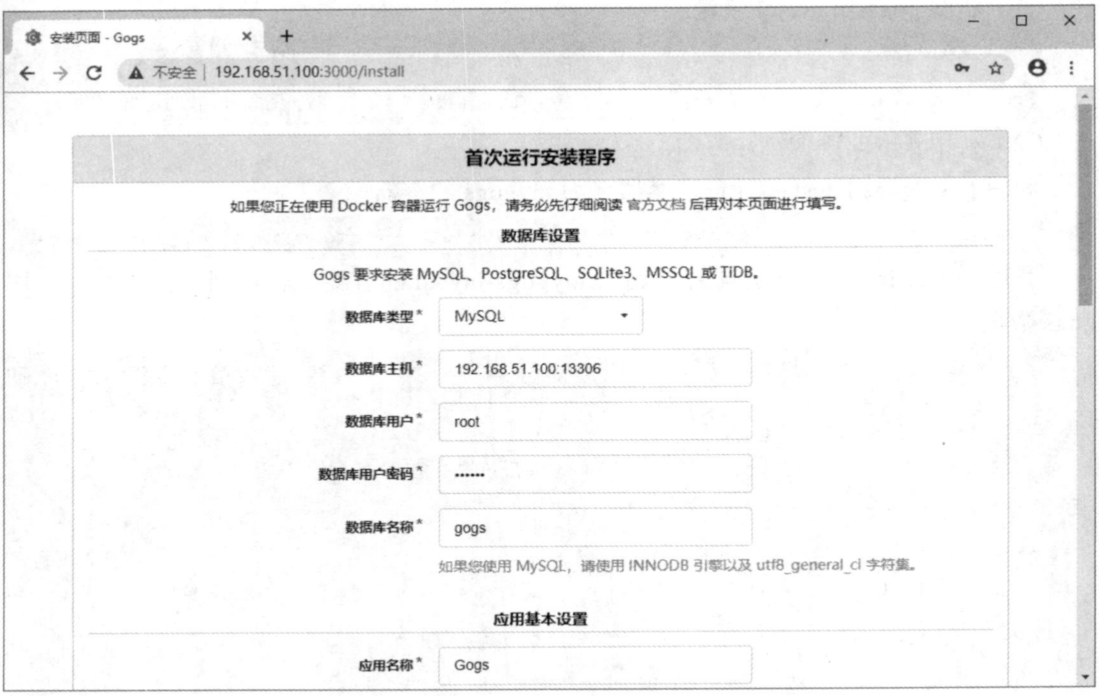

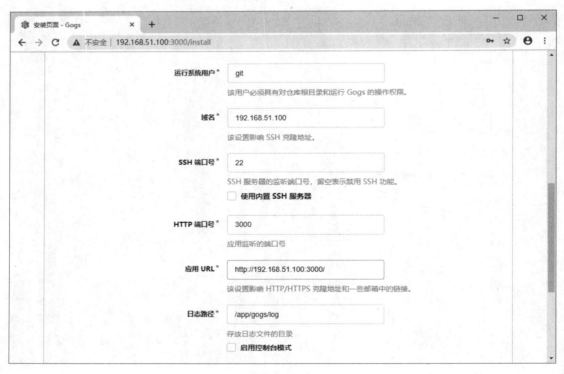

图 6-21　数据库设计

图 6-22　应用基本设置

单击"立即安装"按钮提交设置。在进入的界面中单击"注册"按钮，进行用户注册，注册界面如图 6-23 所示。

图 6-23 注册界面

用户注册成功后，利用该用户进行登录，成功登录后，可进入 Gogs 主界面，如图 6-24 所示。

图 6-24 Gogs 主界面

单击"我的仓库"右侧的"+"按钮，进入新增仓库界面，可进行新增仓库操作，设置仓库名称为"hbliti"，如图 6-25 所示。

图 6-25 新增仓库界面

单击"创建仓库"按钮，完成新增仓库操作，仓库新增成功，进入仓库操作帮助界面，如图 6-26 所示。

图 6-26 仓库操作帮助界面

（4）设置 GitHub。

```
[root@localhost opt]# yum -y install git
[root@localhost opt]# git clone http://192.168.51.100:3000/hbliti/hbliti.git
Cloning into 'hbliti'...
warning: You appear to have cloned an empty repository.
```

4. 配置 Jenkins

（1）安装 Tomcat 和 Jenkins。

```
[root@localhost opt]# yum -y install unzip
[root@localhost opt]# unzip apache-tomcat-8.5.43.zip
[root@localhost opt]# cp jenkins.war /opt/apache-tomcat-8.5.43/webapps/
[root@localhost opt]# cd /opt/apache-tomcat-8.5.43/webapps/
[root@localhost webapps]# ls
docs  examples  host-manager  jenkins.war  manager  ROOT
[root@localhost webapps]# cd /opt/apache-tomcat-8.5.43/bin/
[root@localhost bin]# ll startup.sh
-rw-r--r-- 1 root root 1904 Jul  4 21:53 startup.sh
[root@localhost bin]# chmod +x *.sh
[root@localhost bin]# ll startup.sh
-rwxr-xr-x 1 root root 1904 Jul  4 21:53 startup.sh
[root@localhost bin]# ./startup.sh
Using CATALINA_BASE:   /opt/apache-tomcat-8.5.43
Using CATALINA_HOME:   /opt/apache-tomcat-8.5.43
Using CATALINA_TMPDIR: /opt/apache-tomcat-8.5.43/temp
Using JRE_HOME:        /usr/local/jdk/jdk1.8.0_162
Using CLASSPATH:       /opt/apache-tomcat-8.5.43/bin/bootstrap.jar:/opt/apache-tomcat-8.5.43/bin/tomcat-juli.jar
Tomcat started.
```

（2）打开浏览器，在地址栏中输入"http://192.168.51.100:8080/jenkins"，进入 Jenkins 登录界面，如图 6-27 所示。

第一次执行时会在主目录中生成一个密码，打开指定的文件查看密码，并在"管理员密码"文本框中输入密码，单击"继续"按钮。

```
[root@localhost bin]# cat /root/.jenkins/secrets/initialAdminPassword
df682069c24245aeac36c9f1e839bf30
```

进入插件安装界面，可以选择安装社区推荐的插件或进行自定义安装，在此选择"安装推荐的插件"选项，如图 6-28 所示。

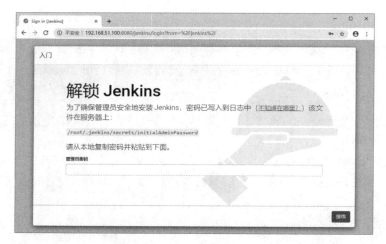

图 6-27　Jenkins 登录界面

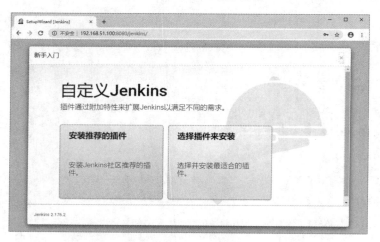

图 6-28　插件安装界面

插件成功安装后，创建管理员用户，如图 6-29 所示。

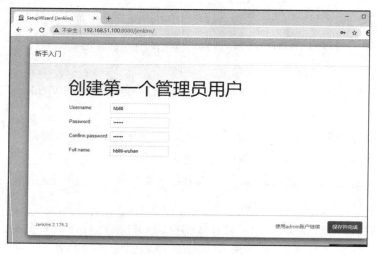

图 6-29　创建管理员用户

设置好账户信息后,进入 Jenkins 配置完成界面,如图 6-30 所示。

图 6-30　Jenkins 配置完成界面

单击"开始使用 Jenkins"按钮,进入 Jenkins 工作主界面,如图 6-31 所示。

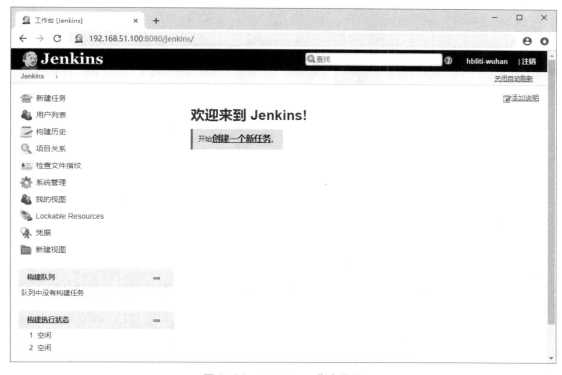

图 6-31　Jenkins 工作主界面

5．配置 Jenkins 构建工具

（1）配置 JDK 和 Maven。

第一次登录 Jenkins 后，需要在"系统管理"→"全局工具配置"中设置要使用到的构建工具和 JDK 版本。单击"JDK 安装"按钮，设置 JDK，在"JAVA_HOME"文本框中输入 JDK 的安装路径。注意，这里需取消"自动安装"功能。也可以选择需要的 JDK 版本，让 Jenkins 自动下载 JDK。

单击"Maven 安装"按钮，设置 Maven，在"MAVEN_HOME"文本框中输入 Maven 的安装路径，如图 6-32 所示。注意，这里需取消"自动安装"功能。也可以选择需要的 Maven 版本，让 Jenkins 自动下载 Maven。

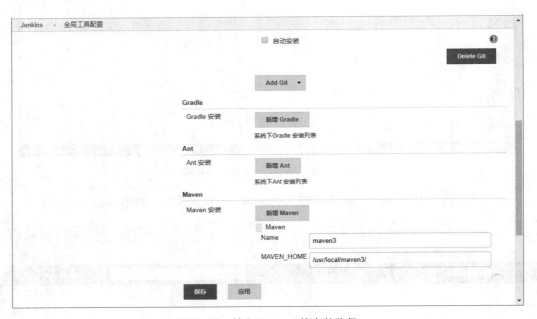

图 6-32　输入 Maven 的安装路径

（2）配置插件管理。

Jenkins 在默认情况下不能创建 Maven 项目，其新增任务界面如图 6-33 所示，其中显示了 Jenkins 能够增加的任务。若需创建 Maven 项目，则需要安装相应的插件。

这里采用了默认的插件下载地址，但是可能由于网络或防火墙而导致插件下载安装失败，建议修改插件下载地址。在 Jenkins 工作主界面中选择"系统管理"→"管理插件"选项，进入插件管理界面，选择"高级"选项卡，替换"升级站点"选项组中的 URL，将其值替换为"http://mirror.esuni.jp/jenkins/updates/update-center.json"，如图 6-34 所示。

单击"提交"按钮，保存设置。选择"可选插件"选项卡，分别安装"Maven Integration"和"Deploy to container"插件。选中对应插件的复选框，单击"直接安装"按钮即可安装插件。图 6-35 表明插件安装成功。

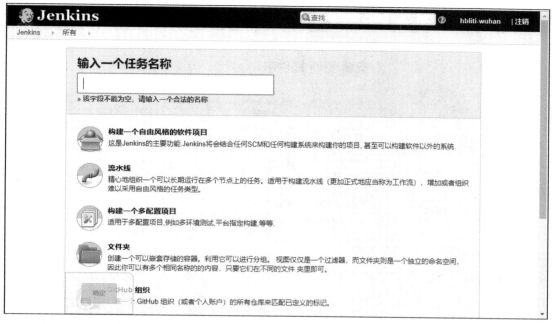

图 6-33 新增任务界面

图 6-34 插件管理界面

6．创建、构建和发布 Maven 项目

（1）在 Jenkins 工作主界面中选择"创建一个新任务"选项，选择"构建一个 Maven 项目"选项，项目名称为"test-maven"，如图 6-36 所示。

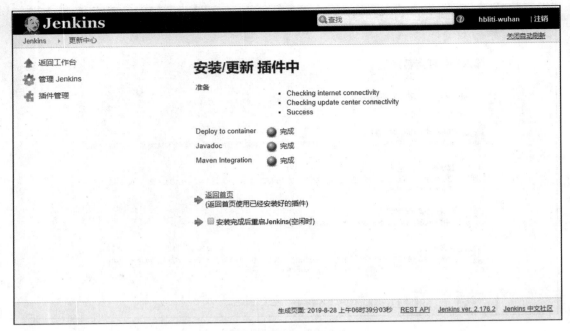

图 6-35　插件安装成功

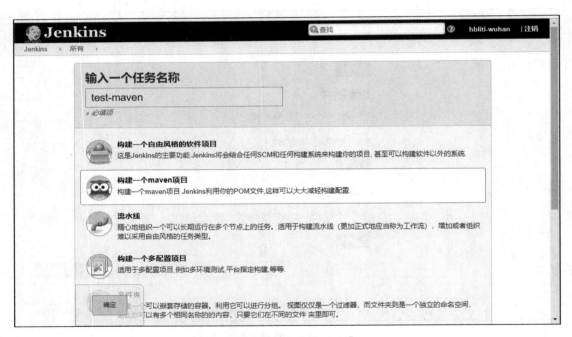

图 6-36　新增"test-maven"项目

选择"源码管理"选项卡，修改 Git 源，在"Repository URL"文本框中输入"http://192.168.51.100:3000/hbliti/hbliti.git"，如图 6-37 所示。

选择"构建触发器"选项卡，配置构建触发器，如图 6-38 所示。

图 6-37 "源码管理"选项卡

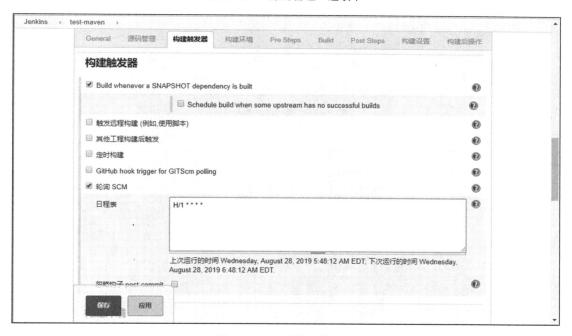

图 6-38 配置构建触发器

说明:"H/1 * * * *"表示一分钟构建一次,各参数代表的含义如下。
- 第 1 个"*"表示分钟,取值为 0~59,本书取值为 1。
- 第 2 个"*"表示小时,取值为 0~23。
- 第 3 个"*"表示一个月的第几天,取值为 1~31。

- 第 4 个 "*" 表示第几月，取值为 1～12。
- 第 5 个 "*" 表示一周中的第几天，取值为 0～7，其中，0 和 7 代表的都是周日。

选择"构建环境"选项卡，修改"Build"栏目信息，配置构建环境，如图 6-39 所示。

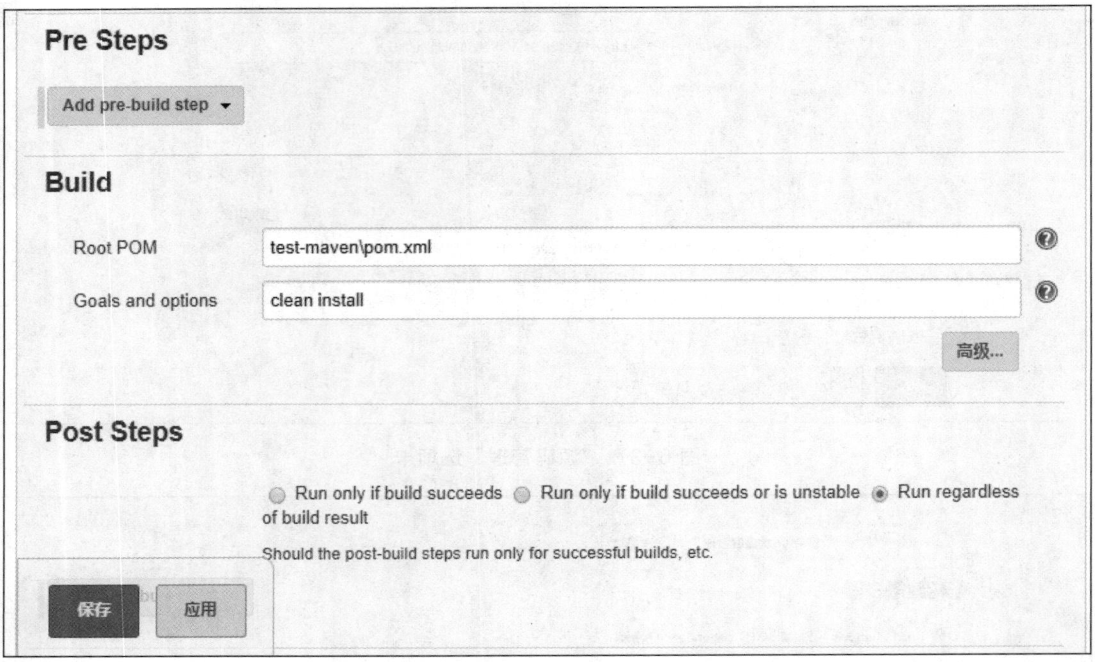

图 6-39　配置构建环境

（2）将 Maven 项目上传到 GitHub 中。

将 Maven 项目上传到/root 目录中。

```
[root@localhost bin]# cd /maven
[root@localhost maven]# ls
test-maven
```

将 Maven 项目上传到私有仓库中。

```
[root@localhost ~]# git init
Initialized empty Git repository in /root/.git/
[root@localhost ~]# git add test-maven
[root@localhost ~]# git config --global user.email "hbliti@qq.com"
[root@localhost ~]# git config --global user.name "hbliti"
[root@localhost ~]# git commit -m "first hbliti commit"
[root@localhost ~]# git remote add origin http://192.168.51.100:3000/hbliti/hbliti.git
```

```
[root@localhost ~]# git push -u origin master
Counting objects: 4, done.
Delta compression using up to 2 threads.
Compressing objects: 100% (2/2), done.
Writing objects: 100% (4/4), 287 bytes | 0 bytes/s, done.
Total 4 (delta 0), reused 0 (delta 0)
Username for 'http://192.168.51.10:3000': hbliti          // 输入 Gogs 服务的用户名
Password for 'http://hbliti@192.5168.51.100:3000':        // 输入 Gogs 服务的密码
To http://192.168.51.100:3000/hbliti/hbliti.git
 * [new branch]      master -> master
Branch master set up to track remote branch master from origin.
```

Maven 项目上传到私有仓库中后，可在 Gogs 服务中查看上传的项目，如图 6-40 所示。

图 6-40　查看上传的项目

（3）在"test-maven"项目中，单击"立即构建"按钮，构建 Maven 项目，项目构建完成后，进入项目构建成功界面，如图 6-41 所示。

（4）发布构建后的项目。

```
[root@master ~]# cd .jenkins/workspace/test-maven/test-maven/target
[root@master target]# cp test-maven-web.war /opt/apache-tomcat-8.5.43/webapps/
```

打开浏览器，在地址栏中输入"http://192.168.51.100:8080/test-maven-web"，进入项目测试界面，如图 6-42 所示。

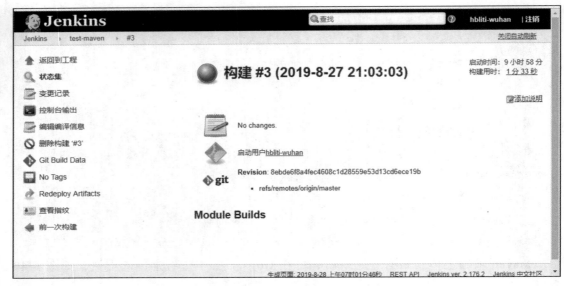

图 6-41 项目构建成功界面

图 6-42 项目测试界面

【项目实训】自动构建及部署 Java Maven 项目

实训目的

（1）掌握持续集成的设计思路和实现方法。

（2）掌握 Jenkins+Maven+Tomcat+Git 等组件的部署。

（3）掌握 Jenkins+Maven+Tomcat+Git 等组件之间的调用关系。

实训内容

（1）安装 JDK 和 Maven 组件。

（2）安装 Git 组件，并部署 Git 应用服务。

（3）安装 Tomcat+Jenkins 并进行部署。

（4）在 Jenkins 应用服务上创建项目，编写构建命令，实现自动调用 Tomcat 服务器发布相关网页功能。

（5）在 Jenkins 应用服务上构建项目，并进行正常调试。

（6）构建成功后，查看网页效果。

PROJECT 7 项目 7
Kubernetes 概述

Kubernetes 是 Google 开源的容器编排引擎，它提供了自动化部署、大规模可伸缩、应用容器化管理等功能。本项目通过两个任务介绍了 Kubernetes 的发展及其基本操作，并以 CentOS 7 操作系统为基础，介绍了使用 kubeadm 安装 Kubernetes 集群的方法和 kubectl 命令的使用方法。

知识目标

- 了解 Kubernetes 的主要目标和增强功能。
- 了解 Kubernetes 的核心概念。
- 了解 Kubernetes 的架构。
- 了解 Kubernetes 的工作流程。

能力目标

- 掌握 Kubernetes 集群的安装方法。
- 掌握 Kubernetes 下 Dashboard 的安装方法。

任务 7.1　Kubernetes 的发展

任务要求

Swarm 作为 Docker 开发的原生的集群管理引擎，虽然有众多优点，但是仍存在依赖平台、不提供存储选项、监控不良等问题，工程师小王通过查阅资料发现，Kubernetes 作为 Google 开源的一个容器编排引擎，较好地解决了这些问题。小王在对 Kubernetes 技术进行调研后，编写了 Kubernetes 的安装手册，以供公司相关技术人员学习，并在公司内部推广该技术。

相关知识

7.1.1 Kubernetes 简介

随着应用规模的增长,主机端承受的负载压力越来越大,已经超出了单台主机所能承受的负载能力。编排系统可以帮助用户将一组主机(节点)视为一个统一的、可编程的、可靠的集群,这个集群可以当作一台大型计算机来使用。Kubernetes 用于管理云平台中多个主机的容器化应用,是一个全新的基于容器技术的分布式架构领先方案。它在 Docker 技术的基础上,为容器化的应用提供部署运行、资源调度、服务发现和动态伸缩等一系列功能,提高了大规模容器集群管理的便捷性。

Kubernetes 的主要目标是让部署容器化的应用简单且高效,提供了一种应用部署、规划、更新、维护机制。

Kubernetes 作为一个完备的分布式系统支撑平台,具有完备的集群管理能力。Kubernetes 集群在多个 Docker 节点之间进行协调,提供了一个统一的可编程的模型,它具有以下几个方面的增强功能。

(1)强大故障发现和自我修复能力。Kubernetes 会监视容器的运行状态,在其出现故障时重新启动容器,并通过动态服务归属机制确保当一个节点失效后,Kubernetes 管理系统会自动将失效节点的任务重新调度到健康的节点上,而这些新启动的容器能被发现并使用。

(2)高集群利用率。与静态的手工配置方式相比,Kubernetes 通过在一组主机(节点)上调度不同类型的工作负载,大幅度提高了计算机的利用率。集群越大,工作负载种类越多,主机的利用率就越高。

(3)组织和分组。在大型集群中,追踪所有正在运行的容器可能非常困难。Kubernetes 通过标签系统,让用户和其他系统可以以一组容器为单位来进行处理。同时,Kubernetes 支持命名空间功能,可使不同的用户或团队在集群中看到相互隔离的不同视图。

(4)弹性伸缩。弹性伸缩是指适应负载变化,在 Kubernetes 中,可根据负载的高低动态调整 Pod 的副本数量,以弹性可伸缩的方式提供资源。

(5)滚动升级。滚动升级是一种平滑过渡的升级方式,Kubernetes 通过逐步替换的策略,来保证整体系统的稳定性。

7.1.2 Kubernetes 核心概念

1. Master

Master 是 Kubernetes 集群中的控制节点,一般会独自占据一个服务器,负责管理集群,提供了集群的资源数据访问入口。Master 节点包含以下关键组件。

(1)API Server:Kubernetes 中所有资源的增加、删除、修改、查询等操作指令的唯一入口,任何对资源进行操作的指令都要交给 API Server 处理后再提交给 etcd。

(2)Controller Manager:Kubernetes 所有资源对象的自动化控制中心。可以理解为每个资源都对应一个控制器，而 Controller Manager 负责管理这些控制器。

（3）Scheduler：负责资源调度（Pod 调度），负责调度 Pod 到合适的 Node 上。如果把 Scheduler 看作一个黑匣子，那么它的输入是 Pod 和由多个 Node 组成的列表，输出是 Pod 和一个 Node 的绑定，即将 Pod 部署到 Node 上。用户可以使用 Kubernetes 提供的调度算法，也可根据需求自定义调度算法。

（4）etcd：一个高可用的键值存储系统，Kubernetes 使用它来存储各个资源的状态，从而实现了 RESTful 的 API。

2．Node

Node 是 Kubernetes 集群架构中运行 Pod 的服务节点，每个 Node 主要由 3 个模块组成，它们负责 Pod 的创建、启动、监控、重启、销毁，并实现软件模式的负载均衡。

（1）runtime：指的是容器运行环境，目前 Kubernetes 支持 Docker 环境。

（2）kube-proxy：实现 Kubernetes Service 的通信与负载均衡机制的重要组件。

（3）kubelet：是 Master 在每个 Node 上的代理，是 Node 上最重要的模块，它负责维护和管理该 Node 上的所有容器，但是如果某容器不是通过 Kubernetes 创建的，则 Node 不会管理此容器。

Node 包含的信息如下。

（1）Node 地址：主机的 IP 地址或 Node ID。

（2）Node 的运行状态：包含 Pending、Running、Terminated 三种状态。

（3）Node Condition：描述 Running 状态下 Node 的运行条件，只有 Ready 一种状态。

（4）Node 系统容量：描述 Node 可用的系统资源，包括 CPU、内存、最大可调度 Pod 数量等。

（5）其他：内核版本、Kubernetes 版本等。

3．Pod

Pod 是 Kubernetes 的基本操作单元，也是应用运行的载体。整个 Kubernetes 系统都是围绕着 Pod 展开的。Pod 是若干容器的组合，一个 Pod 内的容器必须运行在同一台宿主机上，这些容器使用相同的命名空间、IP 地址和端口，可以通过 localhost 互相发现和通信，可以共享一块存储卷空间。

Pod 其实有两种类型：静态 Pod 和普通 Pod。静态 Pod 并不存在于 Kubernetes 的 etcd 存储中，而是存放在某个 Node 的一个具体文件中，并且只在此 Node 上启动。普通 Pod 一旦被创建，就会被放入到 etcd 存储中，随后会被 Kubernetes Master 调度到某个具体的 Node 上进行绑定，该 Pod 被对应的 Node 上的 kubelet 进程实例化为一组相关的 Docker 容器并启动。在默认情况下，当 Pod 中的某个容器终止时，Kubernetes 会自动检测到这个容器并重启 Pod（重启 Pod 中的所有容器）。如果 Pod 所在的 Node 宕机，则会将这个 Node 上的所有 Pod 重新调度到其他节点上。

一个 Pod 中的应用容器共享一组资源。

（1）PID 命名空间：Pod 中的不同应用程序可以看到其他应用程序的进程 ID。

（2）网络命名空间：Pod 中的多个容器能够访问同一个 IP 地址和端口范围。

（3）IPC 命名空间：Pod 中的多个容器能够使用 System V IPC 或 POSIX 消息队列进行通信。

（4）UTS 命名空间：Pod 中的多个容器共享一个主机名。

（5）共享存储卷：Pod 中的各个容器可以访问在 Pod 级别定义的卷。

4. Replication Controller

当应用托管在 Kubernetes 后，Replication Controller（RC）负责保证应用持续运行。RC 用于管理 Pod 的副本，保证集群中存在指定数量的 Pod 副本。当集群中副本的数量大于指定数量时，会终止指定数量之外的多余容器；反之，会启动少于指定数量的容器，以保证数量不变。在此基础上，RC 还提供了一些更高级的特性，如弹性伸缩、动态扩容和滚动升级等。

5. Service

为了适应快速的业务需求，微服务架构已经逐渐成为主流，微服务架构的应用需要有非常好的服务编排支持。

Service 是真实应用服务的抽象，定义了 Pod 的逻辑上的集合和访问 Pod 集合的策略。Service 将代理 Pod 对外表现为一个单一的访问接口，外部不需要了解 Pod 如何运行，这给扩展和维护带来了很多好处，提供了一套简化的服务代理和发现机制。

6. Label

Kubernetes 中的任意 API 对象都是通过 Label 进行标识的，Label 以 key/value 的形式附加到各种对象上，如 Pod、Service、RC、Node 等，以识别这些对象并管理关联关系等，如管理 Service 和 Pod 的关联关系。一个资源对象可以定义任意数量的 Label，同一个 Label 也可以被添加到任意数量的资源对象上。Label 是 RC 和 Service 运行的基础，二者通过 Label 来关联 Node 上运行的 Pod。

可以通过给指定的资源对象捆绑一个或者多个不同的 Label 来实现多维度的资源分组管理功能，以便于灵活、方便地进行资源分配、调度、配置等。常用的 Label 分为以下几类。

（1）版本 Label："release":"stable", "release":"canary"。

（2）环境 Label："environment":"dev", "environment":"qa", "environment":"production"。

（3）架构 Label："tier":"frontend", "tier":"backend", "tier":"middleware"。

（4）分区 Label："partition":"customerA", "partition":"customerB"。

（5）质量管控 Label："track":"daily", "track":"weekly"。

7. Volume

Volume 是 Pod 中能够被多个容器访问的共享目录。Volume 被定义在 Pod 上，Pod 内的容器可以访问、挂载 Volume。Volume 与 Pod 的生命周期相同，与具体的 Docker 容器生命周期不相关，某个 Docker 容器删除或终止时，Volume 中的数据不会丢失。Volume 支持 EmptyDir、HostPath、NFS、ISCSI、GlusterFS 等类型的文件系统。

7.1.3 Kubernetes 的架构和操作流程

1．Kubernetes 的架构

Kubernetes 集群包含节点代理 kubelet 和 Master 组件，一切都基于分布式的存储系统。Kubernetes 架构如图 7-1 所示。

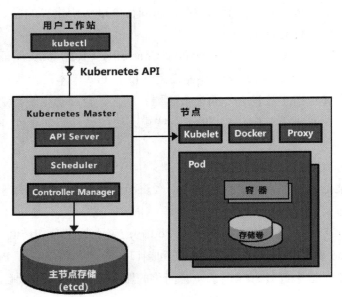

图 7-1 Kubernetes 架构

Kubernetes 的架构包括以下内容。

（1）Kubernetes Master 服务

Kubernetes Master 服务包括 API Server、Scheduler、Controller Manager 等。这些服务提供了 API 来收集和展现集群的当前状态，并在节点之间分配 Pod，用户始终与 Master 的 API 直接交互，其为整个集群提供了一个统一视图。

（2）主节点存储

Kubernetes 所有的持久化状态都保存在 etcd 中。

（3）kubelet

其运行在每个节点之上，负责控制 Docker，向 Master 报告自己的状态及配置节点级别的资源，如配置远程磁盘存储。

（4）Kubernetes Proxy

其运行在每个节点之上，为本地容器提供了一个单一的网络接口，以连接一组 Pod。

2．Kubernetes 的操作流程

Kubernetes 的操作流程如下。

（1）通过 kubectl 和 Kubernetes API，提交一个创建 RC 的请求，该请求通过 API Server 被写入到 etcd 中。该 RC 请求包含一个 Pod 模板和一个希望的副本数。

（2）Controller Manager 通过 API Server 监听资源变化的接口监听到该 RC 请求，如果

当前集群中没有其所对应的 Pod 实例，则根据 RC 中的 Pod 模板定义生成一个 Pod 对象，并通过 API Server 写入 etcd。

（3）Scheduler 通过查看集群的当前状态（有哪些可用节点，以及各节点有哪些可用资源）执行相应的调度流程，将新的 Pod 绑定到指定的节点上，并通过 API Server 将该结果写入到 etcd 中。

（4）该节点上的 kubelet 会监测分配给其所在节点的 Pod 组中的变化，并根据情况来启动或者终止 Pod。其过程包括在需要时对存储卷进行配置，将 Docker 镜像下载到指定节点中，以及通过调用 Docker API 来启动或终止各个容器。

任务实现

1. 使用 kubeadm 安装 Kubernetes 集群

（1）Kubernetes 集群信息及安装前准备。

Kubernetes 集群可在物理主机或虚拟机中运行，本任务使用虚拟机准备测试环境，各主机配置信息如表 7-1 所示。

表 7-1 各主机配置信息

主机名	IP 地址	节点角色
master	192.168.51.101/24	Kubernetes 管理节点
node1	192.168.51.102/24	Kubernetes 工作节点
node2	192.168.51.103/24	Kubernetes 工作节点

① 设置主机名，设置管理节点的主机名为 master。

```
[root@localhost ~]# hostnamectl set-hostname master
```

设置工作节点的主机名分别为 node1 和 node2。

```
[root@localhost ~]# hostnamectl set-hostname node1
[root@localhost ~]# hostnamectl set-hostname node2
```

② 配置系统环境，在所有节点上都需要配置。

编辑 /etc/hosts 文件，添加域名解析。

```
[root@master ~]# vi /etc/hosts
```

添加以下内容。

```
192.168.51.101 master
192.168.51.102 node1
192.168.51.103 node2
```

关闭防火墙、SELINUX 和 swap。

```
# systemctl stop firewalld
# systemctl disable firewalld
```

```
# setenforce 0
# sed -i "s/^SELINUX=enforcing/SELINUX=disabled/g" /etc/selinux/config
# swapoff -a
# sed -i 's/.*swap.*/#&/' /etc/fstab
```

配置系统内核参数，使流过网桥的流量也进入 IPTables/Netfilter 框架。

```
# echo -e 'net.bridge.bridge-nf-call-iptables = 1 \nnet.bridge.bridge-nf-call-ip6tables = 1' >> /etc/sysctl.conf
```

安装基本软件包，要求虚拟主机能够访问外网。

```
# yum -y install wget vim ntpdate git
```

配置时间同步，可以选用公网 NTPD 服务器或者自建 NTPD 服务，本任务使用阿里云的时间服务器。

```
# ntpdate ntp1.aliyun.com
18 Jul 13:19:48 ntpdate[48597]: adjust time server 120.25.115.20 offset 0.000331 sec
```

也可将其直接写到 crontab 中。

```
# crontab -e
```

添加如下内容后，保存并退出文件。

```
*/1 * * * * /usr/sbin/ntpdate ntp1.aliyun.com
# systemctl restart crond.service
```

重启系统。

```
#reboot
```

（2）配置 yum 源及下载 Kubernetes 相关软件包，所有节点均需操作。

① 配置 yum、epel、Kubernetes 和 Docker 源。

```
# cd /etc/yum.repos.d
# rm -f CentOS-*
# wget -O /etc/yum.repos.d/CentOS-Base.repo http://mirrors.aliyun.com/repo/Centos-7.repo
# wget -P /etc/yum.repos.d/ http://mirrors.aliyun.com/repo/epel-7.repo
# vi /etc/yum.repos.d/kubernetes.repo
// 添加如下内容
[kubernetes]
name=Kubernetes
baseurl=https://mirrors.aliyun.com/kubernetes/yum/repos/kubernetes-el7-x86_64
enabled=1
gpgcheck=0
// 保存并退出文件
```

```
# wget https://mirrors.aliyun.com/kubernetes/yum/doc/rpm-package-key.gpg
# rpm -import rpm-package-key.gpg          // 安装 key 文件
# wget https://mirrors.aliyun.com/docker-ce/linux/centos/docker-ce.repo
# yum clean all
# yum makecache fast
```

② 安装 kubeadm 和相关工具包。

```
# yum install -y docker kubectl-1.10.0 kubeadm-1.10.0 kubelet-1.10.0 kubernetes-cni-0.6.0 -y
```

说明：本任务安装的是 1.10.0-0 版本，如果不指定版本，则表示安装最新版本。可利用下列命令查看可用的 kubeadm、kubectl、kubelet 版本。

```
# yum list --showduplicates | grep 'kubeadm\|kubectl\|kubelet'
```

③ 配置 Docker 的镜像加速器，本任务使用阿里云的加速器。

```
# vi /etc/docker/daemon.json
// 添加如下内容
{
    "registry-mirrors": ["https://x3nqjrcg.mirror.aliyuncs.com"]
}
// 保存并退出文件
```

④ 启动相关服务并将其设置为开机自启。

```
# systemctl daemon-reload
# systemctl enable docker
# systemctl start docker
# systemctl enable kubelet
# systemctl start kubelet
```

⑤ 查看相关状态。

```
[root@master ~]# systemctl status docker
    docker.service - Docker Application Container Engine
    Loaded: loaded (/usr/lib/systemd/system/docker.service; enabled; vendor preset: disabled)
    Active: active (running) since Thu 2019-07-18 11:36:58 EDT; 2h 3min ago
```

说明：当有"Active: active (running)"提示时，表示 Docker 正常运行。

```
[root@master ~]# docker info
Containers: 41
 Running: 11
 Paused: 0
 Stopped: 30
```

```
 Images: 12
 Server Version: 1.13.1
 Storage Driver: overlay2
  Backing Filesystem: xfs
  Supports d_type: false
  Native Overlay Diff: false
 Logging Driver: journald
 Cgroup Driver: systemd          // Cgroup Driver 值为 systemd
 Plugins:
  Volume: local
  Network: bridge host macvlan null overlay
 ......

[root@master ~]# cat /proc/sys/net/bridge/bridge-nf-call-iptables    // 显示值必须为 1
1
[root@master ~]# cat /proc/sys/net/bridge/bridge-nf-call-ip6tables   // 显示值必须为 1
1
```

（3）配置 Kubernetes 集群。

① 下载 Kubernetes 相关镜像时，大部分情况下会因为网络原因而导致下载失败，此时可预先将镜像获取到本地，再分别加上符合 Kubernetes 标准的标签，以减少错误。本任务采用脚本完成获取和加上标签的操作。需要注意的是，镜像的版本必须和 kubeadm、kubectl、kubelet 的版本一致，否则会出现错误，本任务安装的均为 1.10.0-0 版本。

```
[root@master ~]# vim dockerimages.sh
// 添加如下内容
[root@node1 ~]# cat dockerimages.sh
images=(kube-proxy-amd64:v1.10.0
 kube-scheduler-amd64:v1.10.0
 kube-controller-manager-amd64:v1.10.0
 kube-apiserver-amd64:v1.10.0
 etcd-amd64:3.1.12
 pause-amd64:3.1
 kubernetes-dashboard-amd64:v1.8.3
 k8s-dns-sidecar-amd64:1.14.8
 k8s-dns-kube-dns-amd64:1.14.8
```

```
      k8s-dns-dnsmasq-nanny-amd64:1.14.8)
      for imageName in ${images[@]} ; do
        docker pull keveon/$imageName
        docker tag keveon/$imageName k8s.gcr.io/$imageName
        docker rmi keveon/$imageName
      done
      docker pull quay.io/coreos/flannel:v0.10.0-amd64
      // 保存并退出文件
      [root@master ~]# sh dockerimages.sh    // 运行 dockerimages.sh 脚本，获取所需镜像
      [root@master ~]#scp dockerimages.sh root@192.168.51.102:/root/
      [root@master ~]#scp dockerimages.sh root@192.168.51.102:/root/
```

② 查看镜像。

```
[root@master ~]# docker images
REPOSITORY                                    TAG              IMAGE ID        REATED          SIZE
k8s.gcr.io/kube-proxy-amd64                   v1.10.0          bfc21aadc7d3    15 months ago   97 MB
k8s.gcr.io/kube-apiserver-amd64               v1.10.0          af20925d51a3    15 months ago   225 MB
k8s.gcr.io/kube-scheduler-amd64               v1.10.0          704ba848e69a    15 months ago   50.4 MB
k8s.gcr.io/kube-controller-manager-amd64      v1.10.0          ad86dbed1555    15 months ago   148 MB
k8s.gcr.io/etcd-amd64                         3.1.12           52920ad46f5b    16 months ago   193 MB
k8s.gcr.io/kubernetes-dashboard-amd64         v1.8.3           0c60bcf89900    17 months ago   102 MB
quay.io/coreos/flannel                        v0.10.0-amd64    0fad859c909     18 months ago   44.6 MB
k8s.gcr.io/k8s-dns-dnsmasq-nanny-amd64        1.14.8           c2ce1ffb51ed    18 months ago   41 MB
k8s.gcr.io/k8s-dns-sidecar-amd64              1.14.8           6f7f2dc7fab5    18 months ago   42.2 MB
k8s.gcr.io/k8s-dns-kube-dns-amd64             1.14.8           80cc5ea4b547    18 months ago   50.5 MB
k8s.gcr.io/pause-amd64                        3.1              da86e6ba6ca1    19 months ago   742 KB
```

③ 初始化 Kubernetes 集群，此操作仅需在 master 节点上执行。

```
[root@master ~]# kubeadm init --kubernetes-version=v1.10.0 --pod-network-cidr=
10.244.0.0/16  --apiserver-advertise-address 192.168.51.101
//需指定版本，需要与 Docker 中的镜像版本一致
```

命令中各选项说明如下。

  a. --kubernetes-version：指定 Kubernetes 的版本。

  b. --pod-network-cidr：指定 Pod 网络的范围。Kubernetes 支持多种网络方案，不同网络方案对--pod-network-cidr 都有自己的要求，此处将其设置为 10.244.0.0/16 是因为本任务使用了 Flannel 网络方案。

  c. --apiserver-advertise-address：如果 master 节点有多个网卡，则需要进行指定，如果不进行指定，则 kubeadm 会自动选择有默认网关的接口。

如果命令正常执行，则会看到如下显示信息。当出现"initialized successfully"提示时，表示初始化完成。

```
......
Your Kubernetes master has initialized successfully!

To start using your cluster, you need to run the following as a regular user:

  mkdir -p $HOME/.kube
  sudo cp -i /etc/kubernetes/admin.conf $HOME/.kube/config
  sudo chown $(id -u):$(id -g) $HOME/.kube/config


You should now deploy a pod network to the cluster.
Run "kubectl apply -f [podnetwork].yaml" with one of the options listed at:
  https://kubernetes.io/docs/concepts/cluster-administration/addons/

You can now join any number of machines by running the following on each node
as root:

  kubeadm join 192.168.51.101:6443 --token haowm7.49nns0ea3wa2s94a --discovery-token-ca-cert-hash

sha256:9b28b537d44c2f39e5baf438af9f99553aab12a4d049c78a775b649237006324
```

需要记录输出信息的 kubeadm join 命令，后面的 node 节点加入集群中时需要用到此命令。

```
  kubeadm join 192.168.51.101:6443 --token haowm7.49nns0ea3wa2s94a --discovery-token-ca-cert-hash

sha256:9b28b537d44c2f39e5baf438af9f99553aab12a4d049c78a775b649237006324
```

token 用于 master 节点验证 node 节点的身份，discovery-token-ca-cert-hash 用于 node 节点验证 master 节点的身份，主要作用是保持安全，以防止未授权的 node 节点加入集群中。当 token 参数值过期或丢失时，可利用 kubeadm token create 命令重新生成，discovery-token-ca-cert-hash 参数值可利用 openssl 命令生成。

④ 配置环境变量，此操作仅需在 master 节点上执行。

如果是普通用户部署，则需要使用 kubectl，需要配置 kubectl 的环境变量。

```
[root@ master ~]#mkdir -p $HOME/.kube
[root@ master ~]#sudo cp -i /etc/kubernetes/admin.conf $HOME/.kube/config
[root@ master ~]#sudo chown $(id -u):$(id -g) $HOME/.kube/config
```

如果是 root 用户部署，则可以利用 export 命令定义环境变量。

```
[root@ master ~]# echo "export KUBECONFIG=/etc/kubernetes/admin.conf" >> /.bash_profile
```

查看集群状态。

```
[root@master ~]# kubectl get nodes
NAME       STATUS       ROLES      AGE      VERSION
master     NotReady     master     1m       v1.10.0
```

可以看到集群状态为未就绪（NotReady），其原因是因为网络还未进行配置。

（4）安装 Flannel 网络，仅需在 master 节点上配置。

网络功能是作为插件存在的，Kubernetes 本身并不提供网络功能，需要自行安装，本任务选择安装 Flannel 网络。在部署 Flannel 之前，需要修改内核参数，将桥接的 IPv4 的流量转发给 IPTables 链。

```
# kubectl apply -f https://raw.githubusercontent.com/coreos/flannel/c5d10c8/Documentation/kube-flannel.yml
clusterrole.rbac.authorization.k8s.io "flannel" created
clusterrolebinding.rbac.authorization.k8s.io "flannel" created
serviceaccount "flannel" created
configmap "kube-flannel-cfg" created
daemonset.extensions "kube-flannel-ds-amd64" created
daemonset.extensions "kube-flannel-ds-arm64" created
daemonset.extensions "kube-flannel-ds-arm" created
daemonset.extensions "kube-flannel-ds-ppc64le" created
daemonset.extensions "kube-flannel-ds-s390x" created
You have new mail in /var/spool/mail/root
```

直接运行网络。

```
# wget https://raw.githubusercontent.com/coreos/flannel/master/Documentation/kube-flannel.yml
[root@ master ~]# kubectl apply -f kube-flannel.yml
```

安装完成后，需要等待一会儿再查看集群状态，等待时间视系统配置而定。

```
[root@master ~]# kubectl get nodes
NAME       STATUS     ROLES      AGE      VERSION
master     Ready      master     25m      v1.10.0
```

（5）将其他节点加入集群中，仅需在 node 节点上执行。

在 node1 节点上执行操作。

```
[root@node1 ~]# sh dockerimages.sh
[root@node1 ~]# kubeadm join 192.168.51.101:6443 --token haowm7.49nns0ea3wa2s94a --discovery-token-ca-cert-hash sha256:
```

```
9b28b537d44c2f39e5baf438af9f99553aab12a4d049c78a775b649237006324
```

在 node2 节点上执行操作。

```
[root@node2 ~]# sh dockerimages.sh
[root@node2 ~]# kubeadm join 192.168.51.101:6443 --token haowm7.
49nns0ea3wa2s94a --discovery-token-ca-cert-hash sha256:
9b28b537d44c2f39e5baf438af9f99553aab12a4d049c78a775b649237006324
```

命令执行后，如看到以下提示，则表明节点成功加入了集群。

```
This node has joined the cluster:      // 节点成功加入集群中
* Certificate signing request was sent to master and a response
  was received.
* The Kubelet was informed of the new secure connection details.

Run 'kubectl get nodes' on the master to see this node join the cluster.
```

在 master 节点上查看加入节点的状态。

```
[root@master ~]# kubectl get nodes
NAME        STATUS     ROLES      AGE      VERSION
master      Ready      master     2h       v1.10.0
node1       Ready      <none>     1h       v1.10.0
node2       Ready      <none>     1h       v1.10.0
```

说明：node 节点加入集群时，最初的状态为 NotReady，等待一段时间后，其状态转变为 Ready。

也可利用 kubectl get cs 命令查看集群的状态。

```
[root@master ~]# kubectl get cs
NAME                   STATUS      MESSAGE                ERROR
Scheduler              Healthy     ok
controller-manager     Healthy     ok
etcd-0                 Healthy     {"health": "true"}
[root@master ~]# kubectl get pods -n kube-system -o wide
NAME                                    READY    STATUS    RESTARTS   AGE    IP               NODE
etcd-master                             1/1      Running   0          22m    192.168.51.101   master
kube-apiserver-master                   1/1      Running   0          22m    192.168.51.101   master
kube-controller-manager-master          1/1      Running   0          22m    192.168.51.101   master
kube-dns-86f4d74b45-68v5m               3/3      Running   0          23m    10.244.0.2       master
kube-flannel-ds-amd64-4pxkq             1/1      Running   0          20m    192.168.51.101   master
kube-flannel-ds-amd64-lbjzh             1/1      Running   0          13m    192.168.51.102   node1
kube-flannel-ds-amd64-qg9lv             1/1      Running   0          13m    192.168.51.103   node2
```

```
kube-proxy-24znm            1/1    Running    0    13m  192.168.51.102  node1
kube-proxy-dbqwq            1/1    Running    0    13m  192.168.51.103  node2
kube-proxy-vpm7h            1/1    Running    0    23m  192.168.51.101  master
kube-scheduler-master       1/1    Running    0    22m  192.168.51.101  master
```

（6）安装 Dashboard 监控界面，仅需在 master 节点上执行。

① 创建 Dashboard 的 YAML 文件。

```
#wget https://raw.githubusercontent.com/kubernetes/dashboard/v1.10.1/src/deploy/recommended/kubernetes-dashboard.yaml
[root@master ~]# sed -i 's/k8s.gcr.io/loveone/g' kubernetes-dashboard.yaml
[root@master ~]# sed -i '/targetPort:/a\ \ \ \ \ nodePort: 30001\n\ \ type: NodePort' kubernetes-dashboard.yaml
```

② 部署 Dashboard。

```
[root@master ~] kubectl create -f kubernetes-dashboard.yaml
```

③ 创建完成后，检查相关服务的运行状态。

```
[root@master ~]# kubectl get deployment kubernetes-dashboard -n kube-system
NAME                   DESIRED   CURRENT   UP-TO-DATE   AVAILABLE   AGE
kubernetes-dashboard   1         1         1            1           1d
[root@master ~]# kubectl get pods -n kube-system -o wide
NAME                                  READY  STATUS   RESTARTS  AGE  IP              NODE
etcd-master                           1/1    Running  0         1d   192.168.51.101  master
kube-apiserver-master                 1/1    Running  0         1d   192.168.51.101  master
kube-controller-manager-master        1/1    Running  0         1d   192.168.51.101  master
kube-dns-86f4d74b45-btjb7             3/3    Running  0         1d   10.244.0.2      master
kube-flannel-ds-amd64-9hvtl           1/1    Running  0         1d   192.168.51.101  master
kube-flannel-ds-amd64-vdfqj           1/1    Running  0         1d   192.168.51.103  node2
kube-flannel-ds-amd64-w7wh4           1/1    Running  0         1d   192.168.51.102  node1
kube-proxy-fjvzz                      1/1    Running  0         1d   192.168.51.101  master
kube-proxy-g9kcl                      1/1    Running  0         1d   192.168.51.102  node1
kube-proxy-llg9d                      1/1    Running  0         1d   192.168.51.103  node2
kube-scheduler-master                 1/1    Running  0         1d   192.168.51.101  master
[root@master ~]# kubectl get services -n kube-system
NAME                   TYPE        CLUSTER-IP      EXTERNAL-IP  PORT(S)         AGE
kube-dns               ClusterIP   10.96.0.10      <none>       53/UDP,53/TCP   1d
kubernetes-dashboard   NodePort    10.105.64.230   <none>       443:30001/TCP   1dnetstat-ntlp|grep 30001
[root@master ~]# netstat -ntlp|grep 30001
```

```
tcp6       0      0 :::30001                :::*                    LISTEN      14242/kube-proxy
```

④ 在 Firefox 浏览器中输入 Dashboard 的访问地址"https://192.168.51.101:30001"，进入 Dashboard 登录界面，如图 7-2 所示。

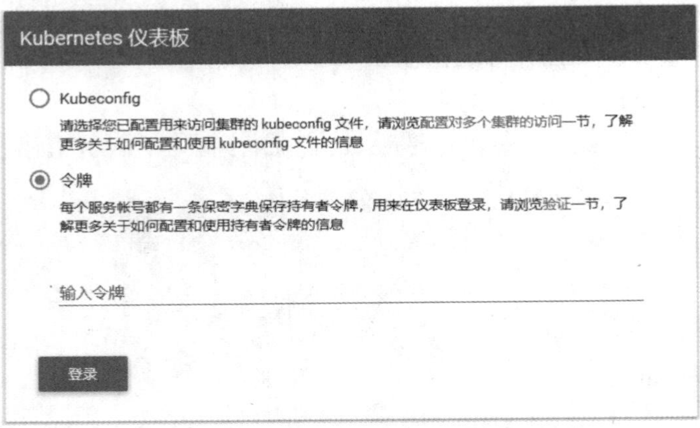

图 7-2 Dashboard 登录界面

⑤ 查看访问 Dashboard 的认证令牌，即 token 参数值。

```
[root@master ~]# kubectl create serviceaccount  dashboard-admin -n kube-system
serviceaccount "dashboard-admin" created
You have new mail in /var/spool/mail/root
[root@master ~]# kubectl create clusterrolebinding  dashboard-admin
--clusterrole=cluster-admin --serviceaccount=kube-system:dashboard-admin
    clusterrolebinding.rbac.authorization.k8s.io "dashboard-admin" created
[root@master ~]# kubectl describe secrets -n kube-system $(kubectl -n
kube-system get secret | awk '/dashboard-admin/{print $1}')
    Name:         dashboard-admin-token-sn68m
    Namespace:    kube-system
    Labels:       <none>
    Annotations:  kubernetes.io/service-account.name=dashboard-admin
kubernetes.io/service-account.uid=4fd737c2-aa4c-11e9-8e35-000c29d894b9


    Type: kubernetes.io/service-account-token


    Data
    ====
    ca.crt:     1025 bytes
    namespace:  11 bytes
    token:
```

```
eyJhbGciOiJSUzI1NiIsImtpZCI6IiJ9.eyJpc3MiOiJrdWJlcm5ldGVzL3NlcnZpY2VhY2NvdW50Iiwia
3ViZXJuZXRlcy5pby9zZXJ2aWNlYWNjb3VudC9uYW1lc3BhY2UiOiJrdWJlLXN5c3RlbSIsImt1YmVybmV
0ZXMuaW8vc2VydmljZWFjY291bnQvc2VjcmV0Lm5hbWUiOiJkYXNoYm9hcmQtYWRtaW4tdG9rZW4tc242O
G0iLCJrdWJlcm5ldGVzLmlvL3NlcnZpY2VhY2NvdW50L3NlcnZpY2UtYWNjb3VudC5uYW1lIjoiZGFzaGJ
vYXJkLWFkbWluIiwia3ViZXJuZXRlcy5pby9zZXJ2aWNlYWNjb3VudC9zZXJ2aWNlLWFjY291bnQudWlkI
joiNGZkNzM3YzItYWE0Yy0xMWU5LThlMzUtMDAwYzI5ZDg5NGI5Iiwic3ViIjoic3lzdGVtOnNlcnZpY2V
hY2NvdW50Omt1YmUtc3lzdGVtOmRhc2hib2FyZC1hZG1pbiJ9.ec9PAVv-mLzQRF1117WyF3zknV4AbhA4
UCmHqR28RFDz6d9rQ8CTXcjNTaRJakz12qYs19ZpJX12ceCVBbJlFHF1o9ZveqQBgFaLgYfD9PyMGLFa_z
o0IGgnoX5oywhuKwR_5-fu8LFoL1B6ru2dnVtu2hXp8Jkv7g6WSgIhLgEwMM0XAACQyKNiUdDfFL6EEHYp
qNhqPiBzZ6CTGly8ugTa9ME6fmSfhpQkIJXbwDnX7T32586pii9t7EQPUubQrfZt8oj4TIE2FQqa76dOCx
8VuABhSDfpMsdK_ztWDDWU1R_2417AHN9V6aIjmutWuhp4BVSGYtu0iRErVdyW8w
```

复制 token 值，在 Dashboard 登录界面的"输入令牌"文本框中粘贴 token 值后，单击"登录"按钮，如图 7-3 所示。登录成功后，进入 Kubernetes 主界面，如图 7-4 所示。

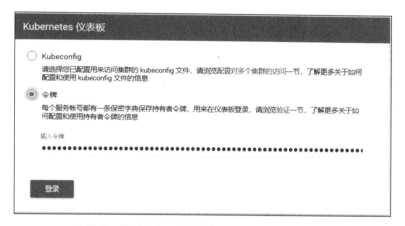

图 7-3　粘贴 token 值后的 Dashboard 登录界面

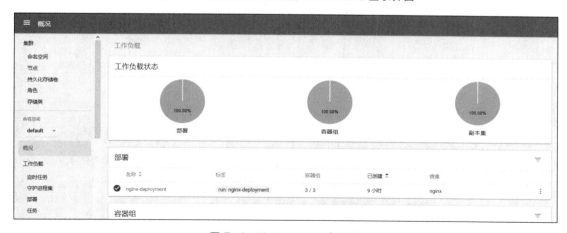

图 7-4　Kubernetes 主界面

2. 使用 Rancher 部署 Kubernetes 集群

（1）集群环境要求。

需要 3 台主机，各主机节点环境要求如表 7-2 所示。

表 7-2 各主机节点环境要求

主机名	IP 地址	角色
master	192.168.51.101/24	管理节点
node1	192.168.51.102/24	工作节点
node2	192.168.51.103/24	工作节点

（2）基础配置。

① 修改各主机的主机名。

```
[root@localhost ~]# hostnamectl set-hostname master
[root@localhost ~]# hostnamectl set-hostname node1
[root@localhost ~]# hostnamectl set-hostname node2
```

主机名修改完成后，在各主机上进行时钟同步，时钟同步服务器可自行配置，此处选择阿里云的时钟服务器。

```
[root@master ~]# ntpdate ntp1.aliyun.com
[root@node1 ~]# ntpdate ntp1.aliyun.com
[root@node2 ~]# ntpdate ntp1.aliyun.com
```

② 在 master、node1 和 node2 节点上安装 Docker，版本选择为 17.06.1，采用离线安装方式进行安装。

```
[root@master opt]# yum -y localinstall docker-ce-17.06.1.ce-1.el7.centos.x86_64.rpm
[root@node1 opt]# yum -y localinstall docker-ce-17.06.1.ce-1.el7.centos.x86_64.rpm
[root@node2 opt]# yum -y localinstall docker-ce-17.06.1.ce-1.el7.centos.x86_64.rpm
```

安装完成后，在各主机上配置镜像加速器。此处以 master 节点为例进行介绍，node1 节点和 node2 节点的操作同 master 节点一样。

```
[root@master ~]# systemctl start docker
[root@master ~]# systemctl enable docker
[root@master ~]# vi /etc/docker/daemon.json        // 编辑 daemon.json 文件
{
  "registry-mirrors": ["http://f1361db2.m.daocloud.io"]
}
```

编辑 docker.service 文件，修改如下参数信息，并重启 Docker 服务。

```
[root@master ~]# vi /lib/systemd/system/docker.service
ExecStart=/usr/bin/dockerd -H tcp://0.0.0.0:2375 -H unix:///var/run/docker.sock
[root@master ~]# systemctl daemon-reload
[root@master ~]# systemctl restart docker
[root@master ~]# systemctl status docker
```

说明：当 Docker 服务的状态显示为"Active: active (running)"时，表示 Docker 服务正在运行中。

（3）安装 Rancher。

① 在 master 节点上获取 Rancher 镜像，版本为 v1.6.14，利用 Rancher 镜像生成 Rancher 容器。

```
[root@master ~]# docker pull rancher/server:v1.6.14
[root@master ~]# docker run -d --restart=unless-stopped -p 8080:8080 rancher/server:v1.6.14
```

② 容器生成并启动后，打开浏览器，在地址栏中输入访问地址"192.168.51.101:8080"，进入 Rancher 主界面，如图 7-5 所示。

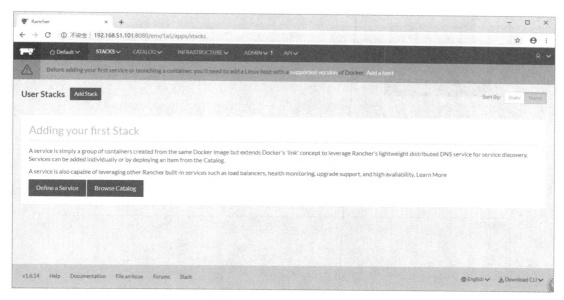

图 7-5　Rancher 主界面

打开 Rancher 主界面右下角的"English"下拉列表，将当前界面的语言切换为简体中文。切换完成后，进入图 7-6 所示的主界面。

③ 设置权限管理。默认情况下登录 Rancher 不需要任何用户名和密码，但是为了提高安全性，需要开启权限管理功能。如图 7-7 所示，选择"系统管理"→"访问控制"选项。

图 7-6 简体中文的 Rancher 主界面

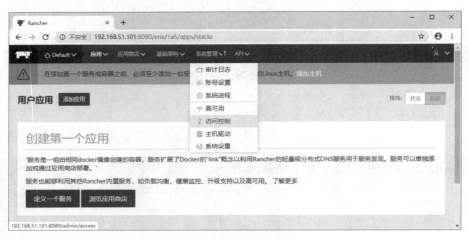

图 7-7 选择"访问控制"选项

设置本地验证功能，设置登录用户名为"admin"，密码和确认密码的内容要一致，如图 7-8 所示。

图 7-8 设置本地验证功能

设置完成后，单击"启用本地验证"按钮，启用设置。设置完成后，重新启动浏览器，输入 Rancher 的访问地址，进入 Rancher 登录界面，如图 7-9 所示，输入正确的用户名和密码即可登录到主界面。

图 7-9　Rancher 登录界面

（4）创建环境模板。

① 选择"Default"→"环境管理"选项，进入环境管理界面，如图 7-10 所示。

图 7-10　环境管理界面

② 单击"添加环境模板"按钮，添加一个新的环境模板。在进入的界面中，选择 Kubernetes 选项，单击"编辑设置"按钮，选择模板版本为"v1.8.10-rancher1-1"，如图 7-11 所示。

图 7-11　选择模板版本

修改以下可配置项，更换 Kubernetes 源。

a. "Private Registry for Add-Ons and Pod Infra Container Image"（私有仓库）为"registry.cn-shenzhen.aliyuncs.com"。

b. "Pod Infra Container Image"为"rancher_cn/pause-amd64:3.0"

c. "Image namespace for Add-Ons and Pod Infra Container Image"（AAONS 组件命名空间）为"rancher_cn"。

d. "Image namespace for Kubernetes-helm Image"（Kubernetes-helm 命名空间）为"rancher_cn"。

修改完成后，单击"设置"按钮，输入模板的名称，如图 7-12 所示，单击"创建"按钮，创建模板。

图 7-12　输入模板的名称

（5）创建 Kubernetes 集群。

① 在环境管理界面中单击"添加环境"按钮，进入添加环境界面，输入环境名称，并选择创建好的"K8s-cn"模板，如图 7-13 所示。

图 7-13　添加环境界面

② 环境创建完成后，可在主界面的左上角选择创建好的"Kubernetes-DEMO"环境设置 Kubernetes，如图 7-14 所示。

图 7-14　设置 Kubernetes

选择"基础架构"→"主机"选项，单击"添加主机"按钮，进入主机注册地址界面，如图 7-15 所示。

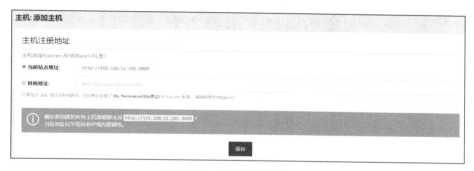

图 7-15　主机注册地址界面

单击"保存"按钮，在进入的界面中复制脚本，如图 7-16 所示。

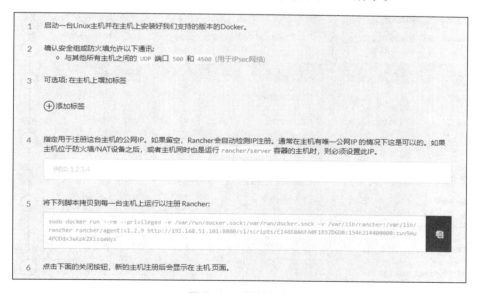

图 7-16　复制脚本

将复制的脚本分别放在 master、node1 和 node2 主机上运行。

```
[root@master ~]# sudo docker run --rm --privileged -v /var/run/docker.sock:/var/run/docker.sock -v /var/lib/rancher:/var/lib/rancher rancher/agent:v1.2.9 \
    http://192.168.51.101:8080/v1/scripts/E14860A6FA0F1B37D6D8:1546214400000:zuv9Au4PODdx3aKpk2XizqaWys

[root@node1 ~]# sudo docker run --rm --privileged -v /var/run/docker.sock:/var/run/docker.sock -v /var/lib/rancher:/var/lib/rancher rancher/agent:v1.2.9 \
    http://192.168.51.101:8080/v1/scripts/E14860A6FA0F1B37D6D8:1546214400000:zuv9Au4PODdx3aKpk2XizqaWys

[root@node2 ~]# sudo docker run --rm --privileged -v /var/run/docker.sock:/var/run/docker.sock -v /var/lib/rancher:/var/lib/rancher rancher/agent:v1.2.9 \
    http://192.168.51.101:8080/v1/scripts/E14860A6FA0F1B37D6D8:1546214400000:zuv9Au4PODdx3aKpk2XizqaWys
```

主机添加完成后，查看主机信息，如图 7-17 所示，可看到主机均已正常运行。

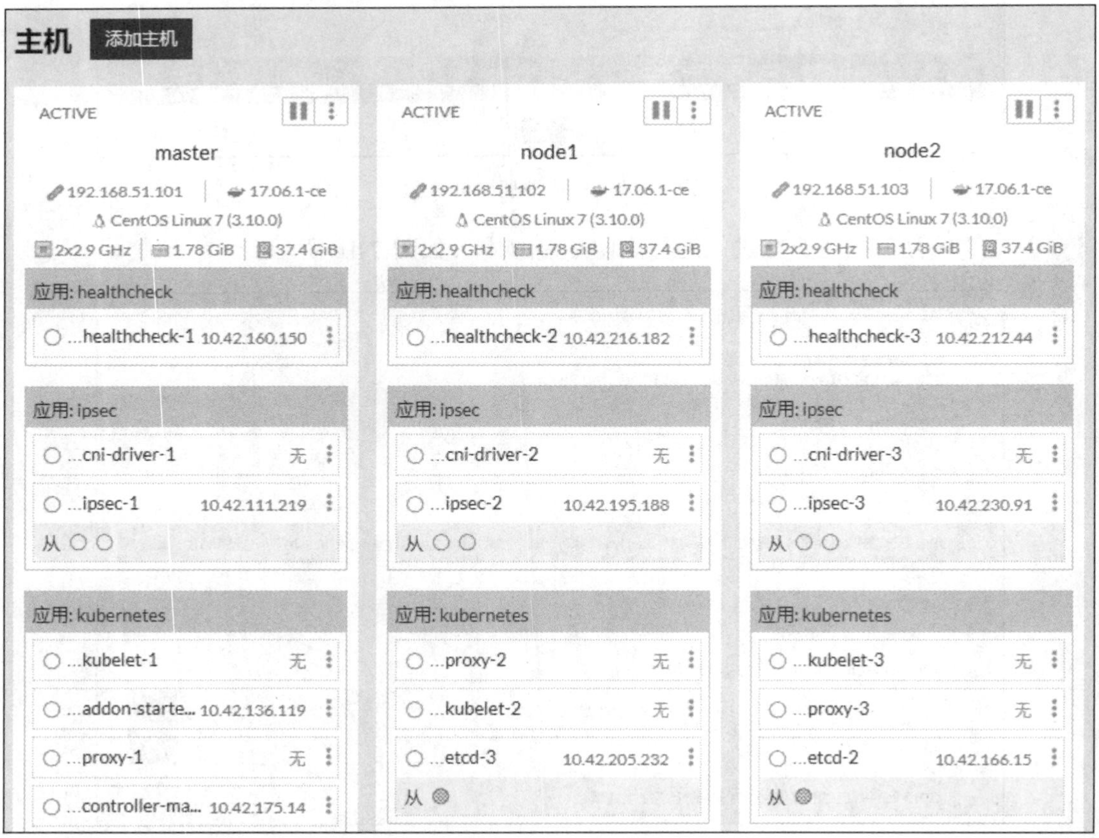

图 7-17 查看主机信息

（6）测试 Kubernetes。

① 选择"KUBERNETES"→"仪表板"选项，打开 Kubernetes 仪表板窗口，如图 7-18 所示。

图 7-18　Kubernetes 仪表板窗口

② 单击"Kubernetes UI"按钮，进入 Kubernetes Dashboard 主界面，如图 7-19 所示。

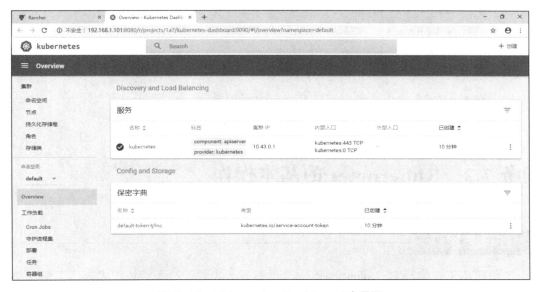

图 7-19　Kubernetes Dashboard 主界面

选择"命名空间"选项，进入命名空间界面，可看到当前已定义的命名空间，如图 7-20 所示。

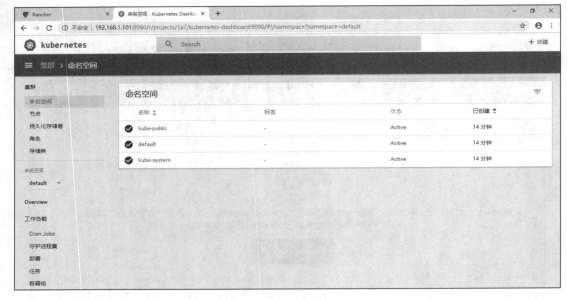

图 7-20 命名空间界面

【项目实训】安装 Kubernetes

实训目的

（1）掌握 Kubernetes 在 CentOS 7 操作系统中的安装方法。
（2）掌握 Kubernetes 集群的在线和离线创建。
（3）掌握在 Kubernetes 上安装 Dashboard 监控界面的方法。

实训内容

（1）在 CentOS 7 操作系统中安装 Kubernetes 集群。
（2）在 Kubernetes 上安装 Dashboard 监控界面。

任务 7.2 Kubernetes 的基本操作

任务要求

工程师小王在编写完 Kubernetes 安装手册后，为便于公司相关技术人员了解及使用 Kubernetes 集群管理功能，又特意编写了 kubectl 命令手册。

相关知识

7.2.1 kubectl 概述

kubectl 是 Kubernetes 集群的命令行工具，使用 kubectl 能够对集群本身进行管理，并能够在集群上进行容器化应用的安装部署。kubectl 命令格式如下。

```
kubectl [command] [TYPE] [NAME] [flags]
```

其各参数说明如下。

（1）command：指定要对资源执行的操作的子命令。

（2）TYPE：指定要操作的资源对象，资源对象区分英文字母大小写。

（3）NAME：指定要操作资源的名称，名称区分英文字母大小写。如果省略名称，则会显示所有的资源。

（4）flags：指定可选的参数，flag 参数的选项及作用如表 7-3 所示。

表 7-3 flag 参数的选项及作用

选项	作用
--alsologtostderr[=false]	同时输出日志到标准错误控制台和文件中
--api-version=""	和服务端交互使用的 API 版本
--certificate-authority=""	用于进行认证授权的 CERT 文件路径
--client-certificate=""	TLS 使用的客户端证书路径
--client-key=""	TLS 使用的客户端密钥路径
--cluster=""	指定使用的 kubeconfig 配置文件中的集群名
--context=""	指定使用的 kubeconfig 配置文件中的环境名
--insecure-skip-tls-verify[=false]	如果为 true，则不会检查服务器凭证的有效性，这会使 HTTPS 链接变得不安全
--kubeconfig=""	命令行请求使用的配置文件路径
--log-backtrace-at=:0	当日志长度超过定义的行数时，忽略堆栈信息
--log-dir=""	如果不为空，则将日志文件写入此目录
--log-flush-frequency=5s	刷新日志的最大时间间隔
--logtostderr[=true]	输出日志到标准错误控制台上，不输出到文件中
--match-server-version[=false]	要求服务端和客户端版本匹配
--namespace=""	如果不为空，则命令将使用此 namespace
--password=""	API Server 进行简单认证使用的密码
-s, --server=""	Kubernetes API Server 的地址和端口号
--stderrthreshold=2	高于此级别的日志将被输出到错误控制台上
--user=""	指定使用的 kubeconfig 配置文件中的用户名

续表

选项	作用
--token=""	认证到 API Server 使用的令牌
--username=""	API Server 进行简单认证使用的用户名
--v=0	指定输出日志的级别
--vmodule=	指定输出日志的模块，其格式为 pattern=N，使用逗号分隔

kubectl 命令支持命令自动补全功能。在 Linux 操作系统中，可执行以下操作添加 kubectl 命令自动补全功能。

```
[root@localhost ~]# yum -y install bash-completion
[root@localhost ~]# echo "source <(kubectl completion bash)" >> ~/.bashrc
```

7.2.2 kubectl 常用命令

1. kubectl apply 命令

kubectl apply 命令主要利用相关的配置文件对集群对象执行增、改操作。其命令格式如下。

```
kubectl apply -f FILENAME [options]
```

-f 参数后加 YAML 或 JSON 格式的资源配置文件，如果配置文件中的资源在集群中不存在，则创建这个资源；如果存在，则根据配置对资源字段进行更新。例如，利用 deployment-nginx.yaml 配置文件创建资源的代码如下。

```
[root@master ~]# kubectl apply -f deployment-nginx.yaml
```

2. kubectl create 命令

kubectl create 命令主要根据配置文件或输入的代码创建集群的资源，其命令格式如下。

```
kubectl create -f FILENAME [flags]
```

例如，创建各类资源的示例如下。

```
# kubectl create -f ./my-manifest.yaml                // 创建资源
# kubectl create -f ./my1.yaml -f ./my2.yaml         // 使用多个文件创建资源
# kubectl create -f ./dir                            // 使用目录中的所有清单文件创建资源
```

也可以直接使用子命令 namespace/secret/configmap/serviceaccount 等创建相应的资源。

```
# kubectl create deployment my-dep --image=busybox   //创建一个 deployment
```

3. kubectl delete 命令

kubectl delete 命令可用于删除对象，其命令格式如下。

```
kubectl delete (-f FILENAME \| TYPE [NAME \| /NAME \| -l label \| -all]) [flags]
```

例如，删除各类对象的示例如下。

```
# kubectl delete -f xxx.yaml                         // 删除一个配置文件对应的资源对象
```

```
# kubectl delete pod,service baz foo        // 删除名称为 baz 或 foo 的 Pod 和 Service
# kubectl delete pods,services -l name=myLabel
// -l 参数可以删除包含指定 Label 的资源对象
# kubectl delete pod foo --grace-period=0 --force      // 强制删除一个 Pod
```

4. kubectl replace

kubectl replace 命令用于对已有的资源进行更新、替换操作，其命令格式如下。

```
kubectl replace -f FILENAME
```

kubectl replace 命令可更新副本数量、修改 Label、更改 image 版本等，但名称不能更新。如果更新 Label，则原有标签的 Pod 将会与更新 Label 后的 rc 断开连接，并会创建指定副本数的新 Pod，但是默认不会删除原有的 Pod。

```
[root@master ~]# kubectl replace -f ./pod.json   // 使用 pod.json 中的数据替换 Pod
[root@master ~]# kubectl replace --force -f ./pod.json
// 强制替换、删除原有资源，创建新资源
```

5. kubectl patch 命令

kubectl patch 命令用于在容器运行时对容器属性进行修改，其命令格式如下。

```
kubectl patch (-f FILENAME \| TYPE NAME \| TYPE/NAME) -patch PATCH [flags]
```

例如，修改容器属性的示例如下。

```
#kubectl patch node k8s-node-1 -p '{"spec":{"unschedulable":true}}'
// 使用 patch 更新 Node
#kubectl patch -f node.json -p '{"spec":{"unschedulable":true}}'
// 使用 patch 更新由 "node.json" 文件中指定类型和名称的节点
#kubectl patch pod rc-nginx-2-kpiqt -p '{"metadata":{"labels":{"app":"nginx-3"}}}'
// 使用 patch 将 Pod 的 Label 修改为 app=nginx-3
```

6. kubectl get 命令

kubectl 命令用于获取并列出一个或多个资源的信息，其命令格式如下。

```
kubectl get (-f FILENAME \| TYPE [NAME \| /NAME \| -l label]) [-watch]
[-sort-by=FIELD] [[-o \| -output]=OUTPUT_FORMAT] [flags]
```

例如，列出各类资源信息的示例如下。

```
# kubectl get all                    // 列出所有资源对象
# kubectl get services               // 列出所有命名空间中的所有服务
# kubectl get rc, services           // 列出所有命名空间中的所有 Replication 和 Service 信息
# kubectl get pods --all-namespaces  // 列出所有命名空间中的所有 Pod 信息
# kubectl get pods -o wide           // 列出所有 Pod 并显示详细信息
# kubectl get deployment my-deployment   // 列出指定名称的 deployment 的信息
# kubectl get -o json pod web-pod-13je7  // 以 JSON 格式输出一个 Pod 信息
```

```
# kubectl get -f pod.yaml -o json
```
// 输出 pod.yaml 配置文件中指定资源对象和名称的 Pod 信息,并以 JSON 格式进行输出

7. kubectl describe 命令

kubectl describe 命令用于获取资源的相关信息,其命令格式如下。

```
kubectl describe (-f FILENAME \| TYPE [NAME_PREFIX \| /NAME \| -l label]) [flags]
```

例如,获取资源相关信息的示例如下。

```
# kubectl describe nodes my-node        // 查看节点 my-node 的详细信息
# kubectl describe pods my-pod          // 查看 Pod my-pod 的详细信息
```

8. kubectl logs 命令

kubectl logs 命令用于查看日志信息,其命令格式如下。

```
kubectl logs [-f] [-p] (POD | TYPE/NAME) [-c CONTAINER] [options]
```

例如,输出日志信息的示例如下。

```
# kubectl logs my-pod              // 输出一个单容器 Pod my-pod 的日志到标准输出控制台上
# kubectl logs nginx-78f5d695bd-czm8z -c nginx
```
// 输出多容器 Pod 中的某个 nginx 容器的日志
```
# kubectl logs -l app=nginx        // 输出所有包含 app-nginx 标签的 Pod 日志
# kubectl logs -f my-pod           // 加上 -f 参数表示跟踪日志,类似于 tail -f
# kubectl logs my-pod -p
```
// 输出该 Pod 的上一个退出容器的实例日志,在 Pod 容器异常退出时很有用
```
# kubectl logs my-pod --since-time=2018-11-01T15:00:00Z    // 指定时间戳输出日志
```

9. kubectl scale 命令

kubectl scale 命令用于设置副本的数量,其命令格式如下。

```
kubectl scale (-f FILENAME \| TYPE NAME \| TYPE/NAME) -replicas=COUNT
[-resource-version=version] [-current-replicas=count] [flags]
```

例如,设置资源副本的示例如下。

```
# kubectl scale --replicas=4 rs/foo      // 将 foo 中 Pod 副本数量设置为 4
# kubectl scale --replicas=3 -f foo.yaml
```
//将由 foo.yaml 配置文件中指定的资源对象和名称标识的 Pod 资源副本数量设置为 3
```
# kubectl scale --current-replicas=2 --replicas=3 deployment/mysql
```
//如果当前副本数为 2,则将其扩展至 3
```
# kubectl scale --replicas=5 rc/foo rc/bar rc/baz
```
//设置多个 RC 中 Pod 副本的数量

10. kubectl rolling-update 命令

kubectl rolling-update 命令用于滚动更新,即在不中断业务的情况下更新 Pod,其命令格式如下。

```
kubectl rolling-update OLD_CONTROLLER_NAME ([NEW_CONTROLLER_NAME] -image=NEW_
```

```
CONTAINER_IMAGE \| -f NEW_CONTROLLER_SPEC) [flags]
```

说明：对于已经部署并且正在运行的业务，rolling-update 提供了不中断业务的更新方式。rolling-update 每次启动一个新的 Pod，等新 Pod 完全启动后再删除一个旧的 Pod，重复此过程，直到替换掉所有旧的 Pod。rolling-update 需要确保新的 Pod 有不同的名称、版本和标签，否则会报错。

```
# kubectl rolling-update frontend-v1 frontend-v2 --image=image:v2
```

在滚动升级的过程中，如果发生了失败或者配置错误，可随时执行回滚操作。

```
# kubectl rolling-update frontend-v1 frontend-v2 -rollback
```

11．其他命令

kubectl exec 命令类似于 Docker 的 exec 命令。

kubectl run 命令类似于 Docker 的 run 命令。

kubectl cp 命令用于 Pod 和外部文件的交换。

kubectl cluster-info 命令可查看集群信息。

kubectl cordon、kubectl uncordon、kubectl drain 命令可用于节点管理。

例如，kubectl 其他命令的使用示例如下。

```
# kubectl exec my-pod -- ls /        // 在已存在的容器中执行命令（在只有一个容器的情况下）
# kubectl exec my-pod -c my-container -- ls /
// 在已存在的容器中执行命令（在 Pod 中有多个容器的情况下）
# kubectl run -i --tty busybox --image=busybox -- sh
// 以交互式 Shell 的方式运行 Pod
kubectl cp /tmp/foo_dir <some-pod>:/tmp/bar_dir    // 复制宿主机本地文件夹到 Pod 中
kubectl cp <some-namespace>/<some-pod>:/tmp/foo /tmp/bar
// 指定命名空间的复制 Pod 文件到宿主机本地目录中
kubectl cordon my-node           // 标记 my-node 不可调度
# kubectl drain my-node          // 清空 my-node 以待维护
# kubectl uncordon my-node       // 标记 my-node 可调度
```

任务实现

在 Kubernetes 下部署 nginx 服务的步骤如下。

1．获取 nginx 镜像

```
[root@master ~]# docker pull nginx
Using default tag: latest
Trying to pull repository docker.io/library/nginx ...
latest: Pulling from docker.io/library/nginx
0a4690c5d889: Pull complete
```

```
9719afee3eb7: Pull complete
44446b456159: Pull complete
Digest: sha256:
b4b9b3eee194703fc2fa8afa5b7510c77ae70cfba567af1376a573a967c03dbb
Status: Downloaded newer image for docker.io/nginx:latest
```

2. 创建 nginx 应用服务

```
[root@master ~]# kubectl run nginx-deployment --image=nginx --port=80 --replicas=1
deployment.apps "nginx-deployment" created
```

其参数说明如下。

（1）nginx-deployment：表示 deployment 的名称。

（2）--image：表示镜像的地址。

（3）--port：表示 Pod 暴露的端口。

（4）--replicas：表示副本的个数。

```
[root@master ~]# kubectl get deployment            // 查看 deployment 的信息
NAME               DESIRED   CURRENT   UP-TO-DATE   AVAILABLE   AGE
nginx-deployment   1         1         1            0           2m
You have new mail in /var/spool/mail/root
```

说明：NAME 表示名称；DESIRED 表示 Pod 的个数；CURRENT 表示当前已存在的个数；UP-TO-DATE 表示最新创建的 Pod 的个数；AVAILABLE 表示可用的 Pod 的个数；AGE 表示 deployment 存活的时间。

```
[root@master ~]# kubectl get pod -o wide            // 获取 Pod 的详细信息
NAME                                READY   STATUS    RESTARTS   AGE   IP           NODE
nginx-deployment-dd664c74-6swkb     1/1     Running   0          2m    10.244.2.2   node2
```

说明：NAME 表示 Pod 的名称；REDAY 表示就绪的个数/总的个数；STATUS 表示目前的状态；RESTARTS 表示重启的时间；AGE 表示存活的时间；IP 表示 Pod 的 IP 地址；NODE 表示部署在哪个节点上。

3. 在集群外访问 nginx 服务

访问效果如图 7-21 所示，可以发现在集群之外是无法访问 nginx 服务的，需要创建服务，以使集群外的客户访问 Pod。

4. 创建 service 服务

```
[root@master ~]# kubectl expose deployment nginx-deployment --name=nginx --port=80 --target-port=80 --type=NodePort
service "nginx" exposed

[root@master ~]# kubectl get svc -o wide
```

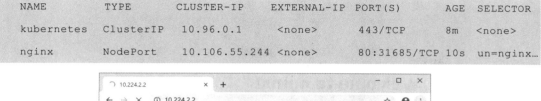

图 7-21 访问效果

5．在集群外再次访问 nginx 服务

访问效果分别如图 7-22～图 7-24 所示。

图 7-22 master 节点的访问效果

图 7-23 node1 节点的访问效果

图 7-24 node2 节点的访问效果

当使用服务时,如果端口暴露类型为 NodePort,则可以通过集群内任意一台主机+暴露的端口进行访问。

6. 对 nginx-deployment 进行扩容和缩减操作

(1) 扩容操作

```
[root@master ~]# kubectl scale --replicas=5 deployment nginx-deployment
deployment.extensions "nginx-deployment" scaled

[root@master ~]# kubectl get deployment
NAME               DESIRED   CURRENT   UP-TO-DATE   AVAILABLE   AGE
nginx-deployment   5         5         5            1           10m

[root@master ~]# kubectl get pod -w
NAME                                READY   STATUS              RESTARTS   AGE
nginx-deployment-dd664c74-6zvkq     0/1     ContainerCreating   0          14s
nginx-deployment-dd664c74-cmkp8     0/1     ContainerCreating   0          14s
nginx-deployment-dd664c74-f5qff     1/1     Running             0          11m
nginx-deployment-dd664c74-sqtg5     0/1     ContainerCreating   0          14s
nginx-deployment-dd664c74-v69z7     0/1     ContainerCreating   0          14s
nginx-deployment-dd664c74-cmkp8     1/1     Running             0          17s
nginx-deployment-dd664c74-sqtg5     1/1     Running             0          19s
nginx-deployment-dd664c74-6zvkq     1/1     Running             0          34s
nginx-deployment-dd664c74-v69z7     1/1     Running             0          37s


[root@master ~]# kubectl get deployment
NAME               DESIRED   CURRENT   UP-TO-DATE   AVAILABLE   AGE
```

```
nginx-deployment      5       5       5       5          12m
You have new mail in /var/spool/mail/root
```

（2）缩减操作

```
[root@master ~]# kubectl scale --replicas=3 deployment nginx-deployment
deployment.extensions "nginx-deployment" scaled
You have new mail in /var/spool/mail/root
[root@master ~]# kubectl get pod -w
NAME                                    READY       STATUS          RESTARTS     AGE
nginx-deployment-dd664c74-6zvkq         0/1         Terminating     0            2m
nginx-deployment-dd664c74-cmkp8         1/1         Running         0            2m
nginx-deployment-dd664c74-f5qff         1/1         Running         0            13m
nginx-deployment-dd664c74-sqtg5         1/1         Running         0            2m
nginx-deployment-dd664c74-v69z7         0/1         Terminating     0            2m
nginx-deployment-dd664c74-v69z7         0/1         Terminating     0            2m
nginx-deployment-dd664c74-v69z7         0/1         Terminating     0            2m
……

[root@master ~]# kubectl get deployment
NAME                DESIRED     CURRENT     UP-TO-DATE      AVAILABLE       AGE
nginx-deployment    3           3           3               3               13m
```

7．滚动升级

```
[root@master ~]# kubectl set image deployment nginx-deployment nginx-deployment=nginx:1.15-alpine --record
deployment.apps "nginx-deployment" image updated
You have new mail in /var/spool/mail/root
[root@master ~]# kubectl get pod -w
NAME                                      READY       STATUS      RESTARTS    AGE
nginx-deployment-7859bffff5-mhjgk         1/1         Running     0           41s
nginx-deployment-7859bffff5-n6kch         1/1         Running     0           41s
nginx-deployment-7859bffff5-vc8tr         1/1         Running     0           25s
……

[root@master ~]# kubectl describe pod nginx-deployment-7859bffff5-mhjgk
Name:           nginx-deployment-7859bffff5-mhjgk
Namespace:      default
```

```
Node:           node1/192.168.51.102
Start Time:     Fri, 19 Jul 2019 12:15:32 -0400
Labels:         pod-template-hash=3415699991
                run=nginx-deployment
Annotations:    <none>
Status:         Running
IP:             10.244.1.4
Controlled By:  ReplicaSet/nginx-deployment-7859bffff5
Containers:
  nginx-deployment:
    Container ID:   docker://28a59b74584574559d1e2dc3409cda1e871fb90c6611cd215fa6a11989610277
    Image:          nginx:1.15-alpine
    Image ID:       docker-pullable://docker.io/nginx@sha256:57a226fb6ab6823027c0704a9346a890ffb0cacde06bc19bbc234c8720673555
    Port:           80/TCP
    Host Port:      0/TCP
    State:          Running
      Started:      Fri, 19 Jul 2019 12:15:47 -0400
    Ready:          True
    Restart Count:  0
    Environment:    <none>
    Mounts:
      /var/run/secrets/kubernetes.io/serviceaccount from default-token-cnmc6 (ro)
Conditions:
  Type           Status
  Initialized    True
  Ready          True
  PodScheduled   True
Volumes:
  default-token-cnmc6:
    Type:         Secret (a volume populated by a Secret)
    SecretName:   default-token-cnmc6
```

```
    Optional:         false
QoS Class:            BestEffort
Node-Selectors:       <none>
Tolerations:          node.kubernetes.io/not-ready:NoExecute for 300s
                      node.kubernetes.io/unreachable:NoExecute for 300s
Events:
  Type    Reason                Age   From                Message
  ----    ------                ---   ----                -------
  Normal  Scheduled             1m    default-scheduler   Successfully...
  Normal  SuccessfulMountVolume 1m    kubelet, node1      MountVolume.SetUp...
  Normal  Pulling               1m    kubelet, node1      pulling image
"nginx:1.15-alpine"
  Normal  Pulled                1m    kubelet, node1      Successfully pulled
image ...
  Normal  Created               1m    kubelet, node1      Created container
  Normal  Started               1m    kubelet, node1      Started container
```

8. 回滚操作

```
[root@master ~]# kubectl rollout undo deployment nginx-deployment
deployment.apps "nginx-deployment"

[root@master ~]# kubectl get pod -w
NAME                                READY   STATUS             RESTARTS   AGE
nginx-deployment-7859bffff5-mhjgk   1/1     Running            0          8m
nginx-deployment-7859bffff5-n6kch   1/1     Running            0          8m
nginx-deployment-dd664c74-8gcpg     0/1     ContainerCreating  0          8s
nginx-deployment-dd664c74-r45lh     0/1     ContainerCreating  0          8s
nginx-deployment-dd664c74-r45lh     1/1     Running            0          18s
nginx-deployment-7859bffff5-n6kch   1/1     Terminating        0          8m
nginx-deployment-dd664c74-rjvd2     0/1     Pending            0          0s
nginx-deployment-dd664c74-rjvd2     0/1     Pending            0          0s
nginx-deployment-dd664c74-rjvd2     0/1     ContainerCreating  0          0s
nginx-deployment-7859bffff5-n6kch   0/1     Terminating        0          8m
nginx-deployment-dd664c74-8gcpg     1/1     Running            0          19s
nginx-deployment-7859bffff5-mhjgk   1/1     Terminating        0          8m
nginx-deployment-7859bffff5-mhjgk   0/1     Terminating        0          8m
```

```
nginx-deployment-7859bffff5-n6kch    0/1    Terminating    0    8m
nginx-deployment-7859bffff5-n6kch    0/1    Terminating    0    8m
nginx-deployment-7859bffff5-mhjgk    0/1    Terminating    0    8m
nginx-deployment-7859bffff5-mhjgk    0/1    Terminating    0    8m
nginx-deployment-dd664c74-rjvd2      1/1    Running        0    13s

[root@master ~]# kubectl get pod
NAME                                 READY  STATUS     RESTARTS  AGE
nginx-deployment-dd664c74-8gcpg      1/1    Running    0         34s
nginx-deployment-dd664c74-r45lh      1/1    Running    0         34s
nginx-deployment-dd664c74-rjvd2      1/1    Running    0         16s


[root@master ~]# kubectl describe pod nginx-deployment-dd664c74-8gcpg
Name:           nginx-deployment-dd664c74-8gcpg
Namespace:      default
Node:           node2/192.168.51.103
Start Time:     Fri, 19 Jul 2019 12:24:03 -0400
Labels:         pod-template-hash=88220730
                run=nginx-deployment
Annotations:    <none>
Status:         Running
IP:             10.244.2.7
Controlled By:  ReplicaSet/nginx-deployment-dd664c74
Containers:
  nginx-deployment:
    Container ID:   docker://e68d2c58df81843d6836d016d29c2206ade96c4cae844c687ac84c1e31b4f536
    Image:          nginx
    Image ID:       docker-pullable://docker.io/nginx@sha256:b4b9b3eee194703fc2fa8afa5b7510c77ae70cfba567af1376a573a967c03dbb
    Port:           80/TCP
    Host Port:      0/TCP
    State:          Running
      Started:      Fri, 19 Jul 2019 12:24:22 -0400
    Ready:          True
```

```
    Restart Count:  0
    Environment:    <none>
    Mounts:
      /var/run/secrets/kubernetes.io/serviceaccount from default-token-cnmc6
(ro)
Conditions:
  Type              Status
  Initialized       True
  Ready             True
  PodScheduled      True
Volumes:
  default-token-cnmc6:
    Type:           Secret (a volume populated by a Secret)
    SecretName:     default-token-cnmc6
    Optional:       false
QoS Class:          BestEffort
Node-Selectors:     <none>
Tolerations:        node.kubernetes.io/not-ready:NoExecute for 300s
                    node.kubernetes.io/unreachable:NoExecute for 300s
Events:
  Type     Reason                 Age    From               Message
  ----     ------                 ----   ----               -------
  Normal   Scheduled              56s    default-scheduler  Successfully assigned ...
  Normal   SuccessfulMountVolume  56s    kubelet, node2     MountVolume.SetUp...
  Normal   Pulling                45s    kubelet, node2     pulling image "nginx"
  Normal   Pulled                 37s    kubelet, node2     Successfully pulled...
  Normal   Created                37s    kubelet, node2     Created container
  Normal   Started                37s    kubelet, node2     Started container
```

【项目实训】在 Kubernetes 上部署 Tomact 应用

实训目的

（1）掌握在 Kubernetes 上部署 Tomcat 应用的方法。

（2）掌握 kubectl 常用命令的使用方法。

实训内容

（1）在 Kubernetes 上部署 Tomcat 应用。

（2）利用 kubectl 命令查询相关信息。

（3）利用 kubectl 命令执行扩容、缩减、升级和回滚操作。